应用型本科艺术与设计专业"十二五"规划精品教材
湖北省高校美术与设计教学指导委员会规划教材

U0250051

书籍装帧设计

主　编　肖　巍　杨珊珊
副主编　马志洁　郑翠仙　苏亚飞
参　编　张　燕　洪　英　胡国玉

WUHAN UNIVERSITY PRESS
武汉大学出版社

图书在版编目(CIP)数据

书籍装帧设计/肖巍,杨珊珊主编.—武汉:武汉大学出版社,2013.1
(2017.12 重印)
应用型本科艺术与设计专业"十二五"规划精品教材
湖北省高校美术与设计教学指导委员会规划教材
ISBN 978-7-307-10317-7

Ⅰ.书⋯ Ⅱ.①肖⋯ ②杨⋯ Ⅲ.书籍装帧—设计—高等学校—教材
Ⅳ.TS881

中国版本图书馆 CIP 数据核字(2012)第 280691 号

责任编辑:刘 阳   责任校对:黄添生   版式设计:马 佳

出版发行:**武汉大学出版社**   (430072   武昌   珞珈山)
(电子邮件:cbs22@whu.edu.cn 网址:www.wdp.com.cn)
印刷:湖北恒泰印务有限公司
开本:787×1092   1/16   印张:7.75   字数:160 千字
版次:2013 年 1 月第 1 版   2017 年 12 月第 3 次印刷
ISBN 978-7-307-10317-7/TS·35   定价:39.00 元

独立学院已成为我国高等教育不可或缺的重要组成部分。全国目前已有独立学院300多所，并陆续有一些独立学院脱离母体学校，转设为民办院校，它们在拓展高等教育资源、扩大高校办学规模，尤其是在培养应用型人才等方面发挥了积极作用。

编写适宜独立学院和民办院校使用的应用型本科教材，应充分借鉴普通本科与高职高专类教材建设的经验，以促进就业为导向，做到理论方面高于高职高专类教材、实践方面高于普通本科教材。在湖北省高校美术与设计教学指导委员会的指导下，湖北省独立学院和民办院校艺术设计院系的负责同志经过多次专题研讨，确立了应用型本科艺术类教材编写的基本模式，以湖北省独立学院教师为主，广泛吸纳各地二类本科院校尤其是民办院校参与，组织编写了一套应用型本科艺术类精品教材，并确定为湖北省高校美术与设计教学指导委员会规划教材。这套教材遵循应用型本科艺术类人才培养模式，与时俱进，不断创新，特色鲜明。

（1）突出特色　根据独立学院艺术专业人才培养计划，科学地策划和编写教材，强化"三个突出、一个结合"的原则，即突出应用性、技能性和实践性，与全面素质教育相结合。

（2）体现创新　教材组织形式、编写体例、素材选用与组织视角新颖。同时能引导教师充分理解和把握学科标准、特点、教学目标，能让教师领会教材编写意图，并结合学生的特点，以教材为载体，灵活有效地组织教学，拓展教学空间，以实现教师有效引导与学生自主创新的统一。

（3）注重实用　在教材编写中，突出开放形态的实践教学，体现适用、够用和创新精神，完善教材体系。

从本套教材编委会提交的教材编写工作方案来看，这套教材学科覆盖面比较广泛，包括了美术学基础和设计学基础两大二级学科。编写工作方案整体上突出了三大要素，即重基础、宽口径和理论联系实际，并且强调了内容新、信息全和重实践的特色编著理念。这套教材在体例的编排上，突出了结构体系的

书籍装帧设计

科学性、内容体系的完整性和格式体系的合理性，达到了高等教育学术规范的要求。好的教材不仅要突出创新性，立足于实际，同时也要以高校的发展需求为契机。本套教材突出了科学性、实用性、针对性、通俗性和普及性，具有先进的策划和设计理念，并有准确的定位和完善的体例相配合，装帧设计与教材内容相契合，是一套值得推荐的教材。

过去这类教材出版很多，但多数不太适合应用型人才培养。我认为，教师好用、学生好学、能指导实践的教材才是好教材。好的教材就会有较强的生命力，能经受住实践的考验，具有大范围的推广性。

教材编写是一个系统工程，承载了各院校的学术诉求和课程改革愿望。湖北省高校美术与设计教学指导委员会对整套教材的编写工作高度重视，并将在后续的编写和审读编辑工作中提供全方位的支持。

愿我们这套教材的顺利出版能为独立学院和民办院校的教学发展和课程体系建设，以及应用型人才的培养添砖加瓦！

湖北省高校美术与设计教学指导委员会秘书长

中国艺术家协会常务理事

中国艺术家协会视觉艺术研究会副会长

中国美术与设计文献研究中心主任

湖北美术学院学术委员会委员

张昕 教授

2011年5月20日

前　　言

　　书籍装帧设计在我国已是艺术之林中独树一帜的艺术形式，是一种视觉传达活动，它以图形、文字、色彩、材料等视觉符号的形式传达出设计者的思想、气质和精神，是视觉传达设计专业的主干课程。

　　本教材力求从书籍装帧设计的本质原理入手，结合书籍装帧设计的课程实训，强调教程的实践性和可操作性，注重书籍装帧的新材料、新技术和新工艺的应用，书籍装帧设计创造性思维表现以及基础性、创新性和实践性相结合。主要内容包括：书籍装帧的发展与演变、书籍装帧设计的程序与法则、书籍装帧的版式设计、书籍插图设计、书籍装帧设计的形态创新等。其中，书籍装帧设计的形态创新是本教材的创新点，重点阐述概念书籍装帧与立体设计的表现形式与创新性；同时还对部分学生优秀设计案例进行了赏析，强调了理论与实践相结合的原则以及互动式和情境式的教学方法。

　　由于编者水平有限，在编写过程中难免有不足之处，在此真诚地希望专家、同行提出宝贵的意见。

编　者

2012年10月

目　　录

第一章 书籍装帧设计概述

书籍是人类文明进步的阶梯，它给人们以知识力量；书籍是传播思想的载体，是内在的、永恒的文化生命体。因此，书籍装帧设计是一种由内到外的整体设计，书籍装帧设计不仅仅是书籍的封面、封底的设计，而是以书籍作为载体的整体形态的设计，是形神兼备的系统工程，是从平面到立体的转化。

第一节 书籍装帧的历史和演变

一、中国书籍装帧的历史

1. 最初的探索

文字是附着于载体的，文字与承载材料结合在一起形成的整体，往往称之为"书"。那么，回溯汉字发展的脚步，我们可以看到书籍形成的痕迹。距今五六千年历史的西安半坡遗址出土的陶器上简单的刻画符号，是中国最原始的文字，也是中国书籍发展史上人类迈出的第一步。

公元前11世纪至16世纪的商代，统治者认为天是至高无上的主宰，并将文字视为神的文字，在遇到祭祀、征战、田猎、疾病等无法预知的事情时，先人就用笔将文字书写于龟甲或兽骨之上，并用刀锲刻，而后煅烧，通过占卜来寻求来自上天的启示，这就是甲骨文的由来，人们往往还称其为"骨头书"。

甲骨文字的排列，直行由上到下，横行则从右至左或从左到右，已颇具篇章布局之美（见图1.1、图1.2）。甲骨卜辞的摆放似乎也有一定的顺序，其中甲骨文"册"字的含义似乎就是甲骨刻上文字后，

图1.1 甲骨文1　　　图1.2 甲骨文2

串联在一起的称呼。郑振铎在《插图本中国文学史》中说："许多龟板穿成册子。"这样穿成的册子便称"龟册"。"典"和"册"的象形，形象地表明了那时的装帧形态。那么，在甲骨上穿孔，再用绳子或皮带把甲骨一片一片缀编起来，是需要技术并具有一定审美水平的。

青铜器至西周已发展至鼎盛时期，用于记事的铭文常常被铭刻在器物的内壁和器盖的背面。这些关于战争、条例、典礼等政治活动的文字记录之所以刻在金石上，是古人深恐其他材料不能永久保存而使后世子孙不得而知的缘故。

2. 书籍的形成与形式的演变

中国是文明古国，在漫长的历史进程中，书籍形态方面的设计与制作也有着其丰富的历史。书籍产生的前提必须有文字。文字是书籍产生的基本条件，远古的时期，人类早期除语言传递信息外，还用结绳来记载事情，即把绳子打成各式各样大小不同的结，代表不同的事情和含义，用以传播知识，交流思想。结绳可以传达几里以外的部落，也可以传给后代。《易经》里说："上古结绳而治，后世圣人易之以书契。"此外，人们还在陶罐纹饰上涂画有规则的符号，也是最早的记事方法。

兽骨、龟甲上的甲骨文，以及青铜器上的钟鼎文，都是最初的书籍形式。但它主要是记载当时统治阶级的情况，而不是以传播知识为目的的著作，因此还不能称其为书籍。最早具有书籍属性的，应该是从中国的简策和欧洲的古抄本开始。

（1）最早的装订形式——简策装

许慎在《说文解字·序》中说："著

图1.3 散落的简策书籍

于竹帛谓之书。"中国的书籍形式，是从简策开始的。简策始于商代（公元前14世纪），一直延续到后汉（公元2世纪），沿用时间很长。用竹做的书，古人称为"简策"；用木做的，古人称为"版牍"。大竹竿截断劈成细竹签，在竹签上写字，这根竹签叫做简，把许多简编连起来叫做策；把树木锯成段，剖成薄板，括平，写上字就为"牍"（见图1.3）。

简背面写上篇名及篇次，当简册卷起时，文字正好显露于外，方便了人们检阅和查找，这可以说明现代书籍扉页的渊源。简策的最后一根简叫"尾简"，收卷时以这根尾简为中轴，自左向右卷起。新竹容易腐朽或受到虫害，必须先在火上烘干，去掉水分。简的长度，一般有三尺、半尺和一尺三种。编简成册的方法是用绳将简依次编连，上下各一道，再用绳子的一端，将简扎成一束，就成为一册书。汉代时的简书写已经十分规范，先有两根空白的简，目的是保护里面的简，相当于现在的护页，然后是篇名、作者、正文。简策收藏的方式是把每册卷成一卷存放，一部书的许多策，常用布或帛包起，或用口袋装盛，叫做"囊"，相当于现在的书盒。

（2）应用最久的装订形式——卷轴装

"缣贵而简重"，真实地道出了缣帛和竹木作为书籍材料的不足之处。春秋时期，私人著作逐渐增多，对书便于携带的要求加强，于是出现了在丝织品上写的书。丝织品当时有帛、缣、素等。帛柔软轻便，携带保藏都很方便，帛书的左端包一根细木棒做轴，从左向右卷起，卷为一束，便为卷轴。卷口用签条标上书名。但帛造价昂贵，不利于广泛使用。而东汉以后，造纸术的发明，为人类文明掀开了新的篇章。文字依附的材料，渐为纸张所代替（见图1.4）。

纸书的最初形式是沿袭帛书的，依旧采用卷轴装。轴通常是一根有漆的细木棒，也有的帝王贵族采用珍贵的材料来做轴，如琉璃、象牙、珊瑚、紫檀等。卷子的左端卷入轴内，右端露在卷外，为保护它另用一段纸或丝织品糊在前面，叫做镖。镖头再系上各色丝带，用作缚扎。从装帧形式上看，卷轴装主要从卷、轴、镖、带四个部分进行装饰。"玉轴牙签，绢锦飘带"是对当时卷轴书籍的生动描绘。卷轴装的纸书，从东汉（公元2世纪）一直沿用到宋初（公元10世纪）。

（3）由卷轴装向册页装发展的过渡形式——经折装

经折装就是把本来卷轴形式的卷子不用卷的办法，而是改用左右反复折合的办法，把它折成长方形的折子形式（见图1.5）。在折子的最前面和最后面，也就是书的封面和封底，再糊以尺寸相等的硬板纸或木板作为书皮，以防止损坏。

佛教经典多采用经折装的形式，所以古人称这种折子为"经折"。经折装比卷轴装翻检方便，要查哪一页，马上即可翻至，所以在唐及其以后相当长的一段时期内，这种折子形式的书应用得很普遍。

（4）由卷轴装向册页装发展的过渡形式——旋风装

旋风装实际上是经折装的变形产物。如果从第一页翻起，一直翻到最后，仍可接连翻到第一页，回环往复，不会间断，因此得名（见图1.6）。也许是经折装的书很容易散开，或是僧侣们诵经时还有不便

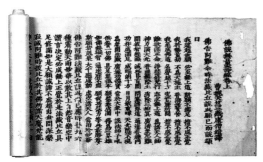

图1.4　公元8世纪左右卷轴书籍形式

图1.5　经折装

之处，在经折装的基础上，人们又不断对它加以改进。古人将一大张纸对折，一半粘在第一页，另一半从书的右侧包到背面，与最后一页相接连，使之成为前后相连的一个整体。如同套筒，阅读时从第一页到最后一页，再到第一页，如此可以循环往复，连续不断地诵唱经文，遇风吹时书页随风飞翻犹如旋风，因此被形象地称为旋风装。

另有一种卷轴装的变形，是把逐张写好的书页，按照内容的顺序，逐次相错，粘在事先备好的卷子上，错落粘连，犹如旋风，也被称为"旋风装"，又称"龙鳞装"。阅读时从右向左逐页翻阅，收卷时从卷首卷向卷尾。从外表看，它与卷轴装没有什么区别，但展开后，页面的翻转阅读是它们的根本区别。

(5) 早期的册页形式——蝴蝶装

蝴蝶装始于唐末五代，盛行于宋元，它的产生是和雕版印刷的发展密切相关的 (见图1.7、图1.8)。鉴于经折装折痕处易于断裂，于是书籍形态就转而朝册页的方向发展，既避免了经折装的缺陷，也省却了将书页粘成长幅的麻烦。把长长的卷轴改为"册页"后，将书页从中缝处字对字向内对折，中缝处上下相对的鱼尾纹，是方便折叠时找准中心而设的。书页折完后，依顺序积起方形的一叠，再将折缝处粘在包背的纸上，这样一册书就完成了。翻阅时，书页如蝴蝶展翅，故称为蝴蝶装。叶德辉《书林清话》中说："蝴蝶装者，不用线订，但以糊粘书背，以坚硬封面，以版心向内，单口向外，揭之若蝴蝶翼。"

蝴蝶装的封面，多用厚硬的纸，也有

图1.6　旋风装

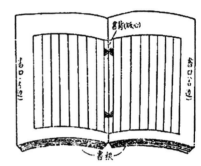

图1.7　蝴蝶装1

图1.8　蝴蝶装2

裱背上绫锦的。陈列时，往往书背向上，书口朝下依次排列，因书口处易被磨损，所以版面周边空间往往设计得特别宽大。

(6) 宋末开始出现的装帧形式——包背装

蝴蝶装比起卷轴是有很大改进，但它也有明显的不足之处。一是必须连翻两页才能看到文字；二是粘胶的书背，如因胶

图1.9　蝴蝶装

图1.10　蝴蝶装

影响而断开，同样造成书页散落的烦恼。因此，明朝中叶以后，又被线装的形式所取代，它不易散落，形式美观，是古代书籍装帧发展成熟的标志。线装和包背装差别不大，线装的封面、封底不再用一整张纸绕背胶粘，而是上下各置一张散页，然后用刀将上下及书背切齐，并用浮石打磨，再在书脊处打孔用线串牢。线多为丝质或棉质，孔的位置相对书脊比纸捻远，以便装订后纸捻不显露出来。最常见的是四针眼订法，偶尔也有六针眼或八针眼的，有时常将书脚用绫锦包起来，这叫做包角（见图1.11、图1.12）。

性不牢，就容易产生书页脱落的现象。因阅读的不便又促使人们对蝴蝶装进行改良（见图1.9、图1.10）。

　　元代的包背装，是将书页有文字的一面向外，以折叠的中线作为书口，背面相对折叠。翻阅时，看到的都是有字的一面，可以连续不断地读下去，增强了阅读的功能性。为防止书背胶粘不牢固，采用了纸捻装订的技术，即以长条的韧纸捻成纸捻，在书背近脊处打孔，以捻穿订，这样就省却了逐页粘胶的麻烦。最后以一整张纸绕书背粘住，作为书籍的封面和封底。

　　（7）明代中期以后盛行的装帧形式——线装

　　由于包背装的纸捻易受到翻书拉力的

图1.11　线装书籍设计

图1.12　线装书籍设计

二、西方的书籍装帧的文化

1.埃及的纸草书

非洲东北部的尼罗河流域，是古代文明的发祥地之一，尼罗河孕育了古埃及的文化。在公元前3500—3000年间，在尼罗河下游建立了一个统一的国家，以后埃及的历史主要按统治的朝代命名。古埃及人在长期的生产实践和与自然斗争的过程中，逐渐掌握了丰富的科学知识。土地的丈量、商品的交易以及大规模宫殿和金字塔的建造，无疑都要使用较高深的数学。

目前，我们对古埃及数学的认识，主要根据两本用僧侣文写成的纸草书：一本是伦敦本，一本是莫斯科本。1858年，在底比斯的拉美西斯神庙附近的一座小建筑物的废墟中发现了一卷纸草书，为英国人莱因德所购得，他死后归伦敦大英博物馆所有。后来称为"莱因德纸草书"，抄写者为阿梅斯，原作者不详。莱因德纸草书产生的年代，有好几种说法，多数学者认为是公元前1650年。另一本叫做"莫斯科纸草书"，由俄罗斯收藏者戈列尼谢夫在1893年购得，1912年收藏在莫斯科国立造型艺术博物馆。这本纸草书的产生年代大约在公元前1850年，比莱因德纸草书的产生要早，但重要性要稍逊于莱因德纸草书（见图1.13、图1.14）。

2.泥版书

早在公元前3世纪，古代中东美索不达米亚地区出现了最原始的一种图书——泥版书。泥版书起源于西亚，后来传到希腊克里特岛，迈锡尼等地，刻写于上的文字也分为楔形文字和线性文字，因此又分

图1.13 纸草书籍的残片

图1.14 公元591年的羊皮纸书籍的残片

为楔形文泥版文书和线性文泥版文书。

泥版书的制作：先用粘土制成每块规格相同、重约一千克的软泥版，然后用斜尖的木制笔在软泥上刻写文字（见图1.15）。文字刻写后放在阳光下晒干，再放入火中烘烤。一部泥版书包括若干块，刻有楔形文字的泥版和带有标记可容纳这些泥版的容器。木架是其中的一种容器，泥版按顺序排列在木架上供人使用。

19世纪，考古学家对两河流域的遗址进行系统发掘，发现大量泥版书。泥版书是用一种木制硬笔在泥土板上刻写的，书成后经过焙烧或晒干，就成为坚硬的泥版书。经鉴定，在出土的50多万块泥版书中，有300多块记载着数学内容为数学泥版书。这些泥版书多数产生于公元前1800年到1600年之间，由于泥版书是用古代巴比伦人使用的楔形文字书写的，难以识

破，这些数学泥版书直到1935年以后才逐渐被译成现代文字发表。现在发现的泥版书内容有契约、债务清单等，是研究古代历史文化的重要证据，泥版书的制作和使用一直延续到公元1世纪，后被羊皮书代替。

3. 蜡版书

蜡版书是世界上最早的可重复使用的记事簿，也是最原始的一种图书，蜡版书产生的年代尚待考证。公元前8世纪，中东地区的亚述人已用它作为文字的载体。当时，它主要作为可重复使用的记事簿，代替需从外地引进的纸草纸和羊皮纸。它的制作方法是：将薄木板表面的中间部分掏空，把熔化的蜡注入其内，在蜡未完全硬化之时用来刻写文字，将刻写后的蜡板打孔后穿绳，即制成蜡版书。重复使用时，只需将蜡木板烤热，蜡变软即可（见图1.16）。

图1.15　西方雕版印刷书籍的设计制作流程

图1.16　1455年谷腾堡的《42行圣经》的内页版面设计

4.缅甸、印度的贝叶书

缅甸人用贝多罗树的叶子（即贝叶）刻写成的书。在刻好的贝叶上涂上煤油，字迹即可显现出来。用细绳串连刻好的贝叶即成。同时，在古代的印度，人们将圣人的事迹及思想用铁笔记录在象征光明的贝多罗树叶上；而佛教徒也将最圣洁、最有智慧的经文刻写在贝多罗树叶上，后来人们将这种刻写在贝叶叶上的文字装订成册，称为"贝叶书"。传说贝叶书虽经千年，其文字仍清晰如初，而其所拥有的智慧是可以流传百世的。

5.古罗马的羊皮书

公元前2世纪，由于埃及的纸草纸供应不足，古罗马开始改用当时在小亚细亚的培格蒙大量生产的羊皮纸，这种纸的优点是可以就地取材，任何地方都能制作，而且比纸草纸耐用，可以两面书写，通常使用芦秆或羽管做笔。最初的羊皮书和纸草书一样都是卷轴式的。古罗马人有一种蜡板（涂上一层厚蜡的长方形小木板），用于学生作业、记事或通信。用金属尖笔或骨针在蜡上写字，不需要保留时可擦去再写。一块不够可根据需要增加一块或几块，从一侧的穿孔用绳子编连成册，随意开合。

古罗马人从公元前1世纪开始把他们这种蜡板写字本的装订形式用于书籍。羊皮纸不再卷起，而是裁成书页穿连，外加木板夹住。古罗马的书籍形式从这时起至4世纪末基本上完成了由卷轴式向册页式的过渡，比中国书籍采用册页早几百年。到7世纪中叶，欧洲大部分地区已改用羊皮纸或犊皮纸代替纸草纸作为书写材料。

在中世纪的欧洲，制书作坊主要设在大寺院，在13世纪扩展到大学中心。

第二节 现代书籍装帧设计

一、现代书籍装帧设计的起源及现状

现代书籍设计艺术的发起以英国设计家威廉·莫里斯为代表人物。莫里斯十分注重书籍设计，他主张从植物纹样和东方艺术中吸取营养，书籍设计十分优雅，简洁美观，讲究工艺技巧，制作严谨。莫里斯的努力唤醒了各国提高书籍艺术质量的责任感，刺激了其他国家在类似途径上的探索。在英国、德国和美国产生了一批私人的小印刷所，其目的主要是为一些书籍爱好者生产精美的书籍，致力于美观的字体、讲究的版面设计、良好的纸张和油墨，以及漂亮的印刷和装订。各国的艺术流派也为现代书籍的发展做出了巨大的贡献，影响最大的是构成主义、表现主义、未来主义、达达主义、印象派、超现实主义、光效应艺术等。各艺术流派在书籍的版式、插图及护封设计上都注入了新的内容，冲击了人们的视觉习惯，形成现代书籍丰富多彩的艺术风格（见图1.17）。

图1.17 15世纪的西方书籍

图1.18 20世纪30年代的书籍设计

在中国由于漫长的封建社会束缚，书籍的生产和艺术表现一直处于缓慢发展的状态。公元19世纪以后，中国开始采用欧洲的印刷技术，但发展缓慢，直到20世纪初，现代的机械化印刷术才取代了1000多年来的手工业印刷术的地位。

由于现代印刷术的影响，书籍的形式和艺术风格发生了变化。书籍的纸张逐渐采用新闻纸、牛皮纸、铜版纸等，原来的单面印刷业变为双面印刷，文字也开始出现横排。这样，更有利于书籍生产和阅读（见图1.18）。

1919年五四运动以后，文化上出现了新的高潮，这一时期的书籍艺术也有了较大的发展。鲁迅是中国现代书籍艺术的倡导者。他亲自进行书籍设计，介绍国外的书籍艺术，提倡新兴木刻运动，为中国现代书籍设计的发展奠定了坚实的基础。除封面外，鲁迅先生还对版面、插图、字体、纸张和装订有严格的要求。鲁迅先生不但对中国传统书籍装帧有精深的研究，

图1.19　现代主义风格的书籍设计

同时也注意吸取国外的先进经验，因此，他设计的作品具有民族特色与时代风格相结合的特点。随后，许多画家也参与了书籍的设计和插图创作，如陶元庆、丰子恺、陈子佛、司徒桥、张光宇等，他们的研究与探索都为我国的书籍装帧事业作出了巨大的贡献。

20世纪90年代以来，我国一批书籍设计家们一方面虚心学习先辈们的经验，一方面大胆更新观念，创造崭新的书籍设计理念（见图1.19）。这其中以吕敬人先生最为突出，他提出书籍设计的形态学概念，为我们展现了全新的设计理念。他的设计作品温文儒雅，有着浓厚的传统风味，同时又体现着简约的现代风格，广受国内外读者的欢迎。

二、现代书籍装帧设计的原则

1. 思想性

书籍装帧设计离不开书籍的内容。书稿内容是最重要的文化主体，而设计本来是为书稿内容服务的，设计者是为作者服务的，设计的宗旨是以视觉形式来体现书籍的主题思想，以书籍装帧设计特有的形式语言、设计规律，反映书稿所表现的风格流派。因此设计思想的最佳体现就是表现书稿的内容。

2. 整体性

装帧设计的整体性原则，包括两个层次的意思，从广义来说，书籍的装帧应从书籍的性质、内容出发，从书籍内容与形式是一个整体的认识出发来进行设计（见图1.20）。从狭义来说，书籍装帧的各环节应成为一个整体，从整体观念去考虑、处理每一个环节的设计，从审美的角度分析，它包含了美学趣味的统一、形式与书籍内涵的统一、艺术与技术的统一。

3. 独特性

每本书都有与其他书不同的个性。书

图1.20　《找不着北》书籍装帧设计

图1.21　《trapped in suburbia》书籍设计

的这种个性不仅存在于内容，也存在于形式——装帧设计。独特性原则对于装帧设计的不同环节，要求有所不同，应该具体问题具体分析，同时要突出民族风俗，还要有开拓意识，把新的设计思想和观念融合到设计中，使作品具有独特新颖的风格。《trapped in suburbia》书籍设计运用独特的造型彰显书籍设计个性（见图1.21）。

4.时代性

　　设计和审美意识都不是永恒不变的，设计永远应该走在时代的前列，引导大众生活，引导大众消费。现代书籍设计师不仅需要观念的更新，还需要了解和把握制作书籍的工艺流程，因为现代高科技、新材料、新工艺是创造书籍新设计的重要保证（见图1.22、图1.23）。

　　印刷形态的书籍已经有了近千年的历史，至今仍然是人类信息传播的主要手段之一，而在最近数十年的时间里，数字媒体和网络技术的发展正在悄悄改变着书籍的形态，正如同历史上纸张和印刷的发明一样，这些新技术终究会促成全新的书籍形态的形成，为人类的信息传播带来革命性的进步（见图1.24~图1.27）。

图1.22　现代书籍图文形式的趣味性

图1.23　现代书籍材料的时代性

图1.24 《观自在》书籍设计　　图1.25 《了凡四训》书籍设计

图1.26 《歌声与微笑》书籍设计

图1.27 外文书籍设计

5. 艺术性

书籍装帧设计是绘画、摄影、书法、篆刻等艺术门类的综合产物，它通过文字、图形、色彩来体现书籍设计的整体美，使读者获得知识的同时，也得到美的享受（见图1.28~图1.30）。通过视觉创意来表现对书稿的理解，以巧妙的构思来表现书稿的精神内涵，用设计之魅力使书籍更添异彩，显示出设计的艺术性及文化性。

在人类历史的初期，书籍的内容主要以经史哲理为主，类型单一，而现代的书籍内容几乎包罗万象，类型多样，这种类型的丰富在客观上也促成了现代书籍纷繁复杂的视觉形式。

图1.28 《砖魂》书籍设计

图1.29 现代书籍设计

图1.30　儿童书籍的特殊造型设计

第二章 书籍装帧设计的程序与原则

第一节 书籍装帧设计的程序

　　书籍的编辑往往按照年代、作者、类型等标准进行分类，形成多本的，以"卷"、"册"、"部"等形式出现的系列书籍，这种被类别化的书籍在数量上少则数本，多则上百本，形成了系统的视觉整体。

一、书籍的整体流程

　　在书的设计中，流程是最后造就书的环节。一本书从选题、组稿、编著或翻译、编辑审读、加工到出版发行，要经过许多环节和一系列的具体手续，经过发展形成了一套流程：主要是从设计书稿，到编辑、美术编辑一起核定稿子，到再次设计和修改，配封面、扉页、环衬、封底等（见图2.1~图2.3），然后是印制，一般大量的书籍是批量印刷，接着是在书店销售的一整套流程体系。其中的每一个环节都有着阶段性的目的。设计作为中间环节，与其他环节形成了相互制约、相互协调的整体关系，共同保证了

图2.1　GDC05平面设计在中国　毕学锋

图2.2　Sra Berks书籍设计

图2.3　《长江证券》书籍设计

书籍价值的实现。

二、书籍装帧设计的程序步骤

书籍设计应包括以下几个步骤：

1. 研究书的内容和特点

通过提炼、概括，把握书的精华内涵，并与读者、责任编辑进行沟通交流。责任编辑一般根据长远和近期的选题规划以及当前和潜在的市场需求提出选题，物

色合适的作者，并与作者签订图书出版合同（见图2.4、图2.5）。作者根据与责任编辑协商同意的内容及图书出版合同中的约定进行编写或翻译工作。

2. 寻找设计素材

包括为书的主题准备有关的绘画、摄影、图形资料，通常搜集素材的过程很长，设计师要翻看、查找很多资料，很费时间。

在设计之初，设计者要找到设计的下手点，确定自己的根本目标，也就是idea。作者在联系信件中，应明确设计的价值和意义，该设计的主要内容和特色，并提出设计的总体思想的提纲，以供出版社研究。对于设计书籍原著作主要内容和特点外，还应提供考虑设计书目录中译文

图2.4　书籍封面设计

图2.5　书籍封面设计

和版权页，它们要和封面的设计风格相互呼应。

3. 构思主要创意，绘制草图

确立主体版面形象，找到书本的精神内涵与视觉造型形式美感的共存体，用恰当的艺术手段表现出来。中国有着悠久的文化渊源，历史上的中国古籍，天头地脚、行栏牌界、版式、字体等，都有独特的民族风格和审美特色（见图2.6），符合当时人们的需求与审美意识。

4. 从多个方案中选出几个设计草案，进入电脑软件制作阶段，完成创意

在进行版式设计构思时，突出、强化主题形象的措施是多次、多角度地展示这一主题。如封面、封底、前后环衬、目录、译序、题词、护封都要有主题形象出现，每个形象应该有不同的变化（见图

图2.6 书籍整体设计

2.7)，从变化中求得统一，进一步深化主题形象。

5. 确定书籍装帧封面设计及版面设计

书籍装帧设计完成彩色设计稿，原则上要服从整体设计要求，经出版社三审制后审稿，进行修改后定稿。图版通过多种画幅大小规格的变化，活而不散，分而不

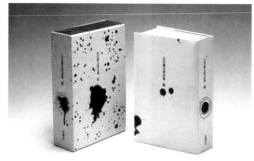

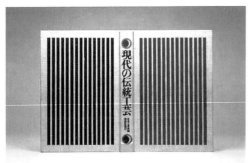

图2.7 书籍装帧设计

断，以其丰富的画面贯串全书，使整部书形成一种有序的阵势，节奏感及整体感都极强（见图2.8、图2.9）。

6. 选择印刷工艺，视需要及成本而定

完成初稿交出版社后，出版社要对稿件进行全面审读。必要时，出版社将请相关专家或召开审稿会审查书稿。翻译稿一般要请人校订，必要时还要看试译样稿（见图2.10、图2.11）。决定采用的书稿，即由出版社进行编辑加工及复审和终审，这一阶段会对书稿提出需要修改、补充或删减等意见，通常定期（以年、季度为单位）全社开会确定大的选题方向，将任务分配给各个部门。

7. 制版打样、生产及销售

设计师制作正稿，尺寸要求准确无误，正稿交制版公司，输出菲林片，并制版打样。制版打样是验证设计品最后视觉效果的重要过程。可能样稿与设计师的预想有小的出入，需仔细检查、校对，及时纠正书籍装帧设计误差，还原良好的视觉效果，以保证书籍的品质。

最后的校样，经设计师、责任编辑首肯并签字后，交印刷厂正式开机付印（见图2.12、图2.13）。最后一道工序是至关重要的，设计师要跟踪印刷工序，大批量印刷前要和工人共同把关，这是印刷时作品成败的关键，设计师要关注这最后一道环节。

书籍制作完成后从主渠道销往各地新华书店，从二渠道销往各地零售商。生产书籍的过程是一个动态的过程，即策划、寻找合适的作者、编辑加工、视觉设计、印刷装订、销售、阅读等。

图2.8　书籍封面设计1　　　图2.9　书籍封面设计2

图2.10　cummins书籍装帧设计1

图2.11　cummins书籍装帧设计2

图2.12　现代书籍设计1　　　图2.13　现代书籍设计2

三、印刷前要考虑

1. 书籍的形态设计

从字面意义来看，形态包括了外形、造型、神态等具象和抽象的视觉语素，对于书籍而言，与开本相比较，形态的内容不仅包括了书籍二维的样式，也包括了书籍的三维造型，因此是对书籍更为全面和整体的描述。

2. 形态的构成

块状的、片状的、笨重的、轻薄的——人类历史早期的书籍形态总是显得模糊不定，直到公元5世纪前后，书籍的形态才逐渐稳定，日渐清晰起来（见图2.14）。

书套——书套常见于系列书籍或者精装书籍中，是书籍最外部分的包装，大多数是与书籍本身脱离的，起到对书籍的收纳和保护作用。

书页——内页是书籍本体内容的阐述，也是书籍最核心、最本质的部分。

书脊——书脊是书页装订后形成的订口，是书籍厚度的体现。

书口——在书籍六面体的立体形态中，除去封面、封底和书脊的部分，剩下的三个面都是书口，分别是上书口、下书口和侧书口。

3. 形态的特征

现代书籍的形态已经有了数百年的历史，呈现出相对稳定的状态，而人们对于这种形态的描述仍然具有一定的差异——平整的、块状的、矩形的、多页的都可以作为描述现代书籍形态的词汇。

4. 形态的创意

在原始的人类书籍中，那些刻写在石壁、兽皮和陶片上的书籍几乎都是单页形态的，书籍的平面特征十分明显，而现代书籍大多是由多个页面装订而成的整体，呈现出明显的立体特征。散落的书籍页面无疑具有明显的二维特征，而一旦被折叠装订成成品之后，这些二维的页面便组成了具有立体特征的书籍形态。

创意记事本设计独具匠心，当你在这本记事本写错字或者由于其他原因把其中一页撕下来，搓成纸团时，纸团就会变成足球、篮球、排球，台球等球类，这创意绝对够环保，不浪费纸张（见图2.15）。

四、书籍的外观构成要素

书籍是以传播知识为目的的，而用文字或其他信息符号记录于一定形式的材料上的著作物。它是六面体的盛纳知识的容器。今天的书籍设计已经不再局限于传统的装帧，即封面设计，而是更倾向于对书

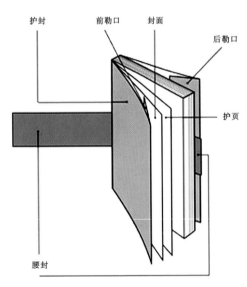

图2.14 书籍构成设计

图2.15　荷兰设计师Trapped in Suburbia的创意记事本

籍形态的整体把握。

　　现代书籍的外观形态与古籍线装书有所不同。以精装书的整体设计而言可分为外观部分与书芯部分。前者包括函套、护封、硬封、书脊、腰封、堵头布、环衬、切口等；后者包括扉页、目录、章节页、正文、插图页、版权页等。

1. 函套

　　书籍函套的作用是保护书籍。中国古籍常用木质书盒，后用较厚的纸板做材料，用丝绫或靛蓝布糊裱书套。设计精巧、实用为古籍精装本函套一般的形式特点。现代新材料、新工艺的介入与应用，如特种纸材、棉织物、皮革、塑料乃至金属材料的使用，以及焊接、镶嵌等手法都成为打造书籍独特个性和品位的手段（见图2.16）。

图2.16　书籍函套

2. 护封

　　护封也称护页或外包封，由封面、封底、书脊和前后勒口构成，设计中也通常作为一个整体，以展开的形式进行构思与设计（见图2.17）。通过文字、图形、色彩等元素穿插运用，起广告及保护封面的作用。

　　前后勒口也称为"折口"，是连接内封的巧妙结构。书脊是书籍结构中相当重

图2.17　书籍护封

要的部分。因为书常竖立在书架上，大多数时间让读者看到的只是书脊的部分。书脊分为方脊和圆脊。方脊线条清晰，现代感强；圆脊厚重严实，经典感强。

护封的商业宣传功能需求同内封的文化艺术趣味往往呈现出鲜明、有趣的对比。视觉语言的不同元素可为不同的功能要求和设计目的而发挥各自不同的作用。

腰封附在护封的下方，主要作用是刊印广告语，如半个护封。它的设计主要是考虑到封面的字体和画面构图，以不破坏护封主体效果为原则。

3. 书签带

书签带一般用丝织品制成，是粘贴在书刊天头、书背中间的，长出部分夹在书芯内，外露在地脚下，作为阅读至某一地方的标记。书签带宽度与颜色各有不同，一般红色居多，其长度比书刊成品的对角线长20mm左右，粘在书背上10mm，露在下面20mm左右。书签带的宽度应根据书刊本册的厚度、开本幅面不同而定，一般厚度大、开本大的可选用宽丝带，反之可用窄些的。颜色应与书刊封面颜色相匹配并力求恰如其分（见图2.18），书签带虽小，但属外观装饰材料，影响外观效果，

图2.18 书签带

所以不可忽视。

4. 堵头布

堵头布是粘贴在精装书背上下两端的连接布头，因为粘后将书背两端堵盖住，故得名为堵头布。堵头布的作用，一是牢固书背两端的书贴并掩盖书贴痕迹，二是装饰书籍外观。堵头布的常用颜色为白色。为了装饰书刊外观，可根据书籍档次、封面颜色等，选用不同质地和颜色的堵头布，一般情况色差不宜过大，应与护封及书的内容、品级等相适应。

5. 环衬

环衬是指内封与书页连接的部分，作用是使封面翻开不起褶皱，保持封面平整。精装书的环衬主要起装饰收口的作用。环衬是连接封面与书芯的两页跨面纸。它也是设计者的用武之地。可以是花纹装饰，也可以用图文烘托。其图纹前后环衬可完全一致，但不宜繁杂，喧宾夺主。因为环衬与扉页是互补与渐进关系，正如房子不能打开门就是卧室而需要作过渡一样。精装书籍后加插空白页是让阅读者逐步从封面喧闹气氛中安静下来，这才是真正为读者着想的设计。

6. 切口

切口指的是书籍除订口之外的三个边。传统上手工精装书的切口都是用颜色或大理石纹理修饰。宗教出版物则常采用镶金的修饰。今天切口也是设计师们施展才华的新阵地。越来越多的书籍设计者开始在读者翻阅书籍时直接触摸到的切口部分巧思经营。

7. 扉页

扉页又称书名页，是书籍书芯部分的

首页，是使读者心境平复，逐渐进入到正文阅读的过渡部分。扉页常包含书名，著、译、编者等相关信息，内容不宜过多或过繁杂。扉页多采用单色印刷，设计重点集中于书名文字与其他信息编排，有的沿袭封面书名用字，但字体要略小，有的则根据封面、环衬内容重新进行设计。设计者的设计思想与情感，呈现出与封面既呼应又有差别的特征。

8. 目录及章节页

目录页起到给阅读者提供书籍内容索引的作用。条理清晰、便于查找是设计目录应该注意的重点。如果目录中突出的是标题内容，可以先放章节标题；如果把数字放在显著位置则是将重点放在导航系统上。章节页是插附于书籍的章节之间的设计，要注意其单纯性和导向性，亦可加插小图作装饰，但须把握尺度。

9. 封底

封底是封面的延续，经常采用与封面对应的自然法则。封底上经常包含提要、说明和作者介绍等内容。书籍封底还要预留放置条形码的位置。杂志封底还会有与本书有关的某些图书的广告，而且宣传效果比封二、封三都好。

第二节 书籍装帧设计的功能性与艺术性

何谓美的书籍，简言之是那些读来有趣、受之有益，得到大众欢迎，内容与形式统一，并具审美与功能价值的书籍。

书籍的材料经历了一个有趣的历史发展过程，在早期人类文明的书籍形态中，

由于不同文明、不同地域的人们对于书籍材料选择的差异，形成了远比现代丰富得多的书籍形态样式。人们在翻阅书籍的过程中，能很明显地获得接触纸张时所带来的诸如光滑、细腻、柔和或是粗犷的肌理感受，不同的纸张具有不同的肌理，艺术纸张肌理变化则更为丰富，给人强烈的艺术审美性，主要体现在：

1. 内容与形式相统一

要求与书籍装帧设计出版过程中的其他环节相配合，书籍内容与形式相统一。使用价值与审美价值相统一，设计的艺术化与书籍主题的内涵相统一。

书籍整体的设计离不开创意，好的创意是形式和内容的有效统一，除了表现书籍的信息，也传达了美的意念，使书籍的主题和意境更加明确，具有强烈的艺术渲染效果（见图2.19~图2.22）。书籍设计最

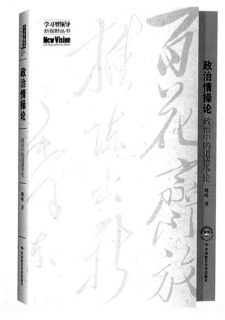

图2.19 《政治情操论》书籍设计

图2.20 《杉杉来吃》书籍设计　　图2.21 《杉杉来吃》书籍设计　　图2.22 《月下的恩底弥翁》书籍设计

重要的功能就是以恰当的形式来表现书籍原稿的内容和精神内涵。书籍原稿的内容和精神内涵是书籍视觉设计的灵魂，好的设计师可以充分调动各种视觉要素展现出书籍的和谐形态和精神内涵；经验不足的设计人员则常常顾此失彼，形神背离，或过分关注于局部的美而忽略了书籍的整体美感。

2. 艺术与技术的统一

要求充分体现艺术特点和独具创意。体现时代特色和民族特色，同时又体现了书籍不同性质和每类的特点。书籍各视觉设计要素交相呼应，构成了书籍形态的整体之美。这些构成要素包括图形、文字、色彩、肌理、版式、结构等。只有了解清楚书籍视觉设计各构成要素的内容和相互之间的关系，并能灵活把握而使之为整体服务，才能使书籍整体的美得到充分体现（见图2.23~图2.25）。

3. 功能与实用的统一

要求充分考虑不同层次读者使用书籍的不同类别，充分考虑读者经济上的承受

图2.23 Djordje现代经典书籍封面设计

图2.24 书籍材料的表现

图2.25 《三国韬略》书籍设计

能力和审美需求，充分考虑审美需求对读者阅读兴趣的导向作用，书籍的开本、版心和图片尺寸是否协调，设计风格是否贯穿全书始终，包括扉页和附录版面是否易读，是否和书籍内容相适应（具体到字号、行距、行长之间的关系，左右两边整齐或者只有左边整齐等）。一个完整的书籍装帧设计方案只是书籍成书的蓝图，只有通过制版、印刷、装订等工艺环节的配合才能形成书籍成品的最后形态，实现完整的书籍整体设计（见图2.26~图2.28）。

图2.26 现代书籍装帧设计

图2.27 《和韵》书籍设计

图2.28 《和韵》书籍设计

第三章　书籍装帧的版式设计

版式设计是指对书籍中的文字、图形、色彩和装饰性元素等视觉元素在版面上进行有机的排列组合设计，在一定的开本上，把书籍原稿的体裁、结构、层次、插图等方面作艺术而又合理的处理，在满足信息传递这一功能性要求的基础上体现艺术性。

第一节　版式设计的概念与目的

版式设计的目的是方便读者阅读，给读者美的享受。版面中线条粗细、方向是否得当，色彩运用是否合理，插图的设计是否别致、新颖等，都会影响读者的情绪和兴趣。好的版式往往先声夺人，所以版式设计要充分借助无声的语言去艺术地表现内容，以抓住读者的视线，使其产生丰富的联想和强烈的美感体验。在传达信息的同时，通过版面产生的美感使人产生心理上的舒适感与愉悦感。

书籍版式中的文字和图形所占总面积被称为版心。版心之外上面的空间叫做天头，下面的空间叫做地脚（见图3.1），左

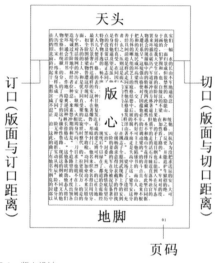

图3.1　版心设计

右分别称为订口、切口。中国传统的版式一般是天头大于地脚，外切口大于订口。版式设计的效果要达到既新颖、美观、大方、雅俗共赏，又要使其与自身定位相吻合，让浏览者能够清晰、快捷地了解到作品所要传达的信息。偏小的版心，容纳字的数量较少，页数随之增加，偏大的版心四周空间小，损害版面美感，影响阅读速度，容易使读者阅读有局促感（见图3.2、图3.3）。

图3.2 《潮流》书籍版式设计1

图3.3 《潮流》书籍版式设计2

第二节 版式设计的设计原则

1. 主题鲜明突出

版式设计的形式本身并不是设计的目的，设计是为了更好地传达信息，其最终目的是使版面产生清晰的条理性，用理性与美观的组织来更好地突出主题，引导读者视线的走向，增进读者对于版面的理解，便于阅读，常用方法是按照主从关系的顺序，用放大的主体形象作为视觉中心，以表达主题思想，达到最佳诉求效果，还有比如利用强烈的对比色彩来突出主体形象，展现书籍的个性等（见图3.4）。

2. 形式与功能的统一

版式设计的前提主要通过把握视觉流程达到准确传达、快速传达，版式所追求

的形式感必须符合主题的思想内容，通过运用完美、新颖的形式来表达功能。要使读者阅读时感到舒适、方便是书籍版面设计的首要出发点。比如，减轻读者的视觉疲劳，人的最佳视域是100mm左右（五号字27字左右），顺应读者的心理要求，阅读方便，不要有过多的跳转，图与文字的位置应相邻，图要直观地说明文字，有些设计者为了追求新奇独特的版面风格，采用了与内容不相符的字体和图形，效果往往会适得其反，这样的书籍自然也不会受到消费者的青睐（见图3.5、图3.6）。

图3.4 画册版式设计

图3.5 《视觉》杂志版式设计   图3.6 《视觉》杂志版式设计

图3.7　画册版式设计

3. 强化整体布局

整体布局是将版面的各种编排要素（如水平、垂直、倾斜、曲线、散点等）在编排结构及色彩上做整体设计，使整体的结构组织更合理，这也是版式设计的重要任务。适当地留出空白，不要将文字排得太满，让读者留有呼吸的空间，读者的视线会按照一定的视觉秩序在版面上游走。这种轨迹是看不见但却能够感知得到的，如果设计师运用得当，整个版面将处于有节奏的良好阅读氛围之中（见图3.7），获得整体性的方法为：

①加强整体的结构组织方向视觉秩序。

②加强文字的集合性，将文字的多种信息组合成块状，增强版面文字的条理性和清晰的导读性。

③加强展开页的整体设计，无论是连页、跨页、折页、或是展开页的设计，均为同一视线下展示的版面，所以每一页面的色彩、图形、文字都需要有系列性，因此加强整体性可以获得更加良好的视觉效果。

第三节　书籍的文字

文字作为视觉要素之一，是书籍版式设计中的重要表现因素，相比图形和色彩具有更加直接的传播力，经由视觉处理后的文字不仅具有阅读的固有功能，同时肩负塑造版面视觉风格的审美功能。文字从信息功能的角度上进行划分主要可分为：标题、副标题、正文、附文等类别。设计师须根据文字信息内容的主次关系，通过有效的视觉流程组织编排文字，引导受众阅读，而这种文字的编排应灵活，富有美感和形式感，使之符合大众的审美情趣。

文字排列组合的好坏，直接影响了版面的视觉传达效果。使用不同的文字，会改变整个版式的风格，当书籍中使用规整的字体时，整个版面会显得庄重、严肃，当书籍中使用的字体较丰富，标题中有些个性的字体，整个版面会显得轻松。文字的选择会改变整个版面的风格，所以文字的选择要根据书籍的风格，文字的编排应灵活，富有美感和形式感，对设计师而言，有多少视觉风格的表现可能就需要有多少与之相匹配的字体。设计师在选择字体的时候必须充分考虑到字体风格与版式的整体风格及主题内容相一致，例如涉及传统书籍时，适合使用仿宋、楷体、书法体等传统字体，涉及现代书籍时，适合使用等线体、黑体、综艺体等简洁字体（见图3.8、图3.9）。

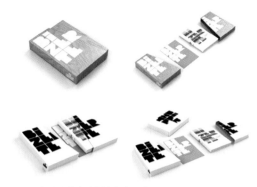

图3.8 概念书籍中的创意文字设计

1. 字体

对平面设计师而言，首先应当认识到字体是有生命的，不同的字体有着不同的性格和气质，而在书籍编排中所运用到的字体其气质风格应当与版面内容的气质风格相吻合。

图3.9 书籍中的文字设计

黑体、宋体是书籍版式中应用最多的两种字体。宋体典雅大方，具有精致美感和人文气质；黑体干净利落，简洁流畅。此外还有楷体、等线体、艺体、圆体和各种书法体。中国传统字体中的楷体是一种非常经典的字体，在经历了无数书法大家的锤炼之后，现在已经发展得非常成熟，不仅每一个字的笔画架构都经得起推敲，还具有强烈的文化气质，因此很适合于具有文化感和传统韵味的设计主题，在黑体基础上发展而来的等线体清晰耐看，精致而低调，颇具小资情怀，设计师在书籍编排内文时可选用这些标准的基础字体，尽管看似普通却经得起推敲，具有很强的易读性（见图3.10~图3.12）。

在书籍设计版面构成中，选择两到三

图3.10 概念书籍中的文字设计

种字体为最佳视觉效果。否则，会产生零乱感而缺乏整体效果，在选用的这三种字体中，可考虑加粗、调整字号、字距、行距、色彩来改变字体，以产生丰富多样的

图3.11 书籍的文字设计 　　　图3.12 书籍的文字设计

视觉效果。不要轻易拉长、压扁字体，应用不当会破坏字体结构，破坏整体效果。

大粗字体造成视觉上强烈的冲击，而细小字体则造成视觉上连续的吸引，用细小的文字构成的版面，精密度高，整体性强，给人一种纤细、现代和雅致的感觉。标题字体的大小和正文字体大小的比率叫做跳跃率，粗体字跳跃率高，版面生动活泼，而正文跳跃率低则格调高雅（见图3.13~图3.16）。

2. 版面构成的字号、字距及行距

在书籍设计中文字是构成书籍的最基本要素之一，字体的大小、间距、风格、组合形式等方面都会影响书籍的整体之美。文字版式设计是现代书籍装帧不可分割的一部分，对书籍版式的视觉传达效果有着直接影响。

书籍设计中，最重要的字体是封面设计中的标题，标题的字体需要一定的醒目性，能一眼看到，要超过正文的视觉注意力，选择较粗的字体运用在标题上是比较合适的。而书籍正文的字体选择一定不要过粗，过粗的大量文字识别性不强且不宜长时间地阅读。在正文字体选择上一般会选择方正细黑、方正细等线等，书籍正文用字的大小直接影响到版心的容字量，在

字数不变时、字号的大小和页数的多少成正比。

书籍设计中字距与行距的把握是设计师对版面的心理感受，也是设计师设计品位的直接体现。书籍文字靠字间行距的宽窄处理来提高读者阅读的兴趣并产生空间指引，为了不影响视觉阅读效率，通常行

图3.13 日本书籍装帧设计 　　图3.14 书籍的文字设计

图3.15 书籍中的文字创意

图3.16 书籍中的文字创意

图3.17 字距的疏松排列

图3.18 字距的紧凑排列

距不小于字高的2/3，字间距离不得小于字宽的1/4为宜，一般的行距在常规的比例字距应为8点，行距则为10点，即 8∶10。但对于一些特殊的版面来说，字距与行距的加宽或缩紧，更能体现主题的内涵。字距的疏松排列，使观众能感受到自由的空间以及呼吸的清新空气（见图3.17），文字之间不留字距，形成一体化的图形式风格，可形成新颖别致的版面效果（见图3.18）。当然字距与行距不是绝对的，应根据实际情况而定。

3. 文字的对齐方式

（1）左右齐整

文字可横排也可竖排，一般横排居多。横排从左到右的宽度要齐整，竖排从上到下的长度要齐整，使人感觉规整、大方、美观，但要避免平淡（见图3.19、图3.20文字的竖向排列）。设计师可采用不同形式的字体穿插使用，既可增加变化但又不失整体效果。

设计师可让每一行的第一个字母都统一在左侧的轴线上，右边可长可短，给人以优美自然、愉悦的节奏感。左齐的排列方式也非常适合人们的阅读习惯，容易产生亲切感。与齐左相反，右边的字尾都统一在右侧的轴线上，与人们的视觉习惯相违背，但借此可标新立异，新颖、有格调，成为极具现代超前意识的版面构成。对于非常活泼跳跃的左边版面来说，右边文字的齐整，能控制住整个版面的统一感（见图3.21）。

图3.19 文字的竖向排列　　图3.20 文字的竖向排列

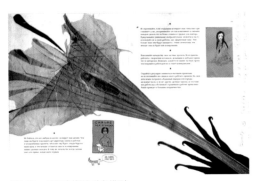

图3.21 画册文字的对齐排列

（2）居中编排

以版面的中轴线为准，文字居中排列，左右两端字距可以是相等也可以是长短不一。这种排列方式能使视线集中，具有优雅、庄重的感觉。如果是在整版的正文内容较多的情况下，不宜采用此种编排方式（见图3.22）。

4. 自由编排

自由编排是为了打破前面所述的条条框框，使版面更趋活泼、新奇、动静结合。值得注意的是版面无论怎么排列，都要避免杂乱无章的感觉，要遵循一定

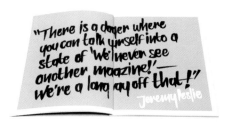

图3.22 画册文字的集中编排

图3.23 书籍文字的版式设计

的规律，以保持版面的完整性（见图3.23）。

5. 页码的设计

页码虽然是一个不大的视觉元素，但在多页面版式中必不可少。通过对页码与简单的点、线或刊名、章节名的组合，会使查阅更为方便。读者可通过页码查检该书的目录迅速找到所要看的那一页，可使整本书的前后次序不致混乱，方便读者阅读。

多数书籍的页码位置是设在版心下部靠近前口处，书籍与版心距离为一个正文字的高度。但现在很多的书籍设计中为求版式上的突破，将页码位置分别设在版心下部中央、版心上部中央、版心前口一侧中央等处。页码字可大于正文字，也可小于正文字，没有严格的限制，有些书籍页码还衬以装饰纹样、装饰色块等，来提高整个书籍版式的装饰性与趣味性。

第四节　书籍的图形

《书林清话》有言道："吾谓古人以图书并称，凡有书必有图。"图文并茂历来被认为是一本好书的较高评价。书籍设计导入图形有两个目的，一是出于书籍形式美，增加读者兴趣，二是再现文字语言表达不足的视觉形象，来帮助读者对书籍内容的理解。选择适合的图形既可以使版面更具有视觉吸引力，又可以让设计师的思路更加活跃，从而让读者对出版物的关注程度更高。图形在表现风格上和书籍自身语言一样，应力求与文字内容协调一致。如果是通俗读物，那么图形要直观理解；

如果是诗，那么图形要赋予读者广泛的意境；如果是儿童体裁，插图应形象、生动、幽默和趣味；如果是科学教育类书籍，需要正式、严谨。

1.图形在书籍版式中的构成

在书籍设计中图形是最有吸引力的设计元素，当图形与普通的文字处在同一页面时，人们往往会先注意图形，因此，书籍设计能否打动人心，图形是至关重要的。但这并非语言或文字表现力减弱了，而是因为图形能具体而直接地把我们的意念表现出来，使本来平淡的事物变成强而有力的诉求性画面，充满了更强烈的创造性。

图形在书籍版面构成要素中，形成了独特的性格以及吸引视觉的重要素材。它具有两大功能：视觉效果和导读效果。图形在书籍装帧中的作用：一是利用图形设计方法产生新奇的视觉效果吸引读者的目光；二是利用图形"国际化"视觉语言的特征传递丰富的信息；三是有利于竞争和促进销售。

2.图形的编排

图形可以以多种方式被运用到书籍的版式设计中，下面我们从图形的位置、面积、数量来了解图形的编排方式。

（1）图形的位置

图形放置的位置直接关系到书籍版面的构图布局，恰到好处地安排图形，版面的视觉冲击力就会明显地表露出来。比如图形安放在版面的中轴，即使旁边都有不等量的比重，但版面中的平衡也不会被打乱（见图3.24、图3.25）。

（2）图形的面积

图形面积的大小安排直接关系到书籍

图3.24　杂志内页设计

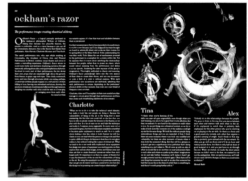

图3.25　图形的位置

版面的视觉效果和情感的传达。一般情况下，把那些重要的、吸引读者注意力的图片放大，从属的图片缩小，形成主次分明的格局，这是版面构成的基本原则。例如，图的面积小会产生精密细致的感觉。扩大图形的面积能产生版面的震撼力，能在瞬间传达其内涵。大小图形相互穿插，版面具有开阔的空间层次，从而产生节奏感和现代感（见图3.26~图3.28）。

（3）图形的数量

图形的数量多少可影响到读者的阅读兴趣。如果书籍版面只采用一张图片时，那么，其质量就决定着人们对它的印象，这是显示出格调高雅的视觉效果之根本保证。增加一张图片，就变为较为活跃的版

图3.26　图形的面积　　　　图3.27　图形的面积

图3.28　图形的面积　　　　图3.29　书籍内页版式设计

图3.30　书籍内页版式设计

面了，同时也就出现了对比的格局。图片增加到三张以上，就能营造出很热闹的版面氛围了，非常适合于普及的、热闹的和新闻性强的书籍。数量的多少，并不是设计者的随心所欲，而最重要的是根据版面的内容来精心安排的。十多张图片安排在一个版面中，使读者有了浏览的兴趣，具有经久耐看的功效，受众大多乐意接受这一诉求方式（见图3.29~图3.31）。

（4）图形的形状

方形是图形中最基本、最简单、最常见的表现形式，它能完整地传达诉求主题，富有直接性、亲和性。构成后的版面稳重、安静、严谨、大方，较容易与读者

图3.31　书籍内页版式设计

沟通。方形图被四周边框限定，显得冷静、理性而具有条理性。

圆形图给人亲切舒服感。为了强调版面效果，用白色线框在图片四周划定，与周围环境和标题字相呼应，使版面整体协调。

(5) 出血图式

"出血"是印刷上的用语，即画面充满、延伸至印刷品的边缘。出血图，即图片充满版面而不露出边框，具有向外扩张、自由、舒展的感觉。出血图式，为了衬托主体，运用多层次的表现，显得异常的安静、严谨（见图3.32、图3.33）。

(6) 退底图形

退底图形是设计者根据版面内容所需，将图片中精选部分沿边缘裁剪。退底后的图形，显得灵活而不凌乱，给人轻松自由、平易近人的亲切感。退底式的图形灵活性与空间感更大、更广，不需与其他场景相配合，也能表现出丰富、谐趣的版面主题，是设计师们常常采用的手法之一（见图3.34、图3.35）。

(7) 底纹图形

底纹图形，选择与书籍主题相关的图形进行组合排列，再选择与书籍主色调相近的色彩放在封面或内页，具有很强的装饰性，具有天然的美化功能，比如在封面上给标题加上底纹，就在版面上形成一块块各具特色的"面"，格外引人注目，在版面上容易造成视觉中心，在封面或内面的整个版面平铺底纹，可突显书籍具有很强的装饰性，而不喧宾夺主（见图3.36）。

(8) 化网图形

化网图形是利用电脑技术用以减少图

图3.32　出血图式　　　　图3.33　出血图式

图3.34　自由版面设计

图3.35　自由版面设计

图3.36 底纹图形设计

片的层次，是设计师常常为了追求版面的特殊效果，而采用的一种方式，以此来衬托主题、渲染版面气氛。图片的朦朦胧胧的处理手法，渲染出诗一般的意境，令人遐想与神往。图片下半部的化网处理，具有一种远近深幽的感觉，更有一种神秘感（见图3.37~图3.39）。

3.图形的形式和种类

图形在书籍的版式设计中发挥了想象力、创造力及超现实的自由构造，运用不同的形式展示着独特的视觉魅力，摄影技术和计算机为图形设计提供了更加广阔的设计平台，促使图形的视觉语言变得更加丰富。

（1）写实性插图

写实性的插图最大的特点是真实地反映自然形态的美，在以人物、动物、植物和自然环境为元素的造型中，将写实性和装饰性相结合，产生具体清晰、亲切生动的信任感，以反映书籍的内涵和艺术性去吸引读者，使版面构成一目了然，深得读者喜爱。对图形的处理上可采用摄影插图的概括，简化和写实性插图技法的"超现实"表现等手法（见图3.40）。

（2）抽象性插图

抽象性图形以简洁单纯而又鲜明的特征为主要特色，它运用几何形的点、线、面及圆、方、三角等形状构成，是规律的概括与提炼。利用有限的形式语言所营造的书籍图形空间意境，让读者产生丰富的联想。具体的表现方法有：图形的平面化、图形的简化、图形的变形和夸张（见图3.41）。

（3）卡通漫画式插图

卡通漫画式是设计师最常使用的一种

图3.37 化网图形

图3.38 化网图形

图3.39 化网图形

图3.40　写实性插图

图3.41　抽象性插图

图3.42　卡通漫画式插图

图3.43　卡通漫画式插图

图3.44　书籍版式图形的组合

图3.45　书籍版式设计

图3.46　书籍版式设计

图3.47　书籍版式设计

表现手法，它运用夸张、变形等表现手法将对象个性美的特点进行明显夸大，并凭借想象，充分扩大事物的特征，造成新奇变幻的版面趣味，以此来加强书籍版面的艺术感染力，加速信息传达的效果，特点是针对儿童类的书籍（见图3.42、图3.43）。

（4）图形的组合

图形组合是把数张图片安排在同一书籍版面中，它包括块状组合与散点组合。块状组合强调了图片与图片之间的直线、垂直线和水平线的分割，文字与图片相对独立，使组合后的图片整体大方，富于理智的秩序化条理（见图3.44~图3.47）。

4. 图形特殊处理技巧

在书籍版式设计中，由于版式内容的需要我们会用到很多各种各样的图片，这就需要我们对原始图片进行加工处理，使其达到我们需要的效果。图形特殊处理的技巧主要体现在：

（1）去底

图片的去底简单说就是去掉图片的背景，使图形独立呈现的一种方式。这种方式能轻松、灵活地运用图像，使画面空间感强烈，使用范围更广泛。照片大多以矩形的形式表现，容易使画面变得呆板、不和谐。图片去底不仅可以除去复杂的背景，使画面主体更加突出，而且可以更好地与整个版面的设计元素相结合，形成整体和谐的视觉效果，达到版面的平衡、协调。

（2）特写

在处理图片的同时为了将图片的视觉中心突出，会对图片进行裁切，一张普通的照片也许并不精彩，但是经过特写处理，拉近画面进行合理的裁切后，就会形成新的视觉效果。

（3）拼贴

书籍的版式设计中，常常会需要大量的图片，拼贴又是一种对图片的处理方式，即将有联系的图片拼贴成一组或是一张画面。

（4）裁切

裁切是一种图形切割技术，其目的是通过裁切图形的边缘或是不重要的部分，使图形的视觉焦点停留在图形的特定部位。

（5）剪影

在书籍的版式设计中，剪影也是一种图片处理方式。没有影调细节的影像称为剪影，一般为亮背景下衬托的暗主题。剪影画面的形象表现力取决于形象动作的鲜明轮廓。

第五节　书籍的色彩

色彩是书籍封面设计引人注目的主要艺术语言，是最有诱惑力的元素，在设计书籍时，如果色彩用的整体到位，就会在第一时间生成书籍的整体美感，同时俘获读者的心。与构图、造型及其他表现语言相比较更具有视觉冲击力和抽象性的特征，也更能发挥其诱人的魅力。同时它又是美化书籍、表现书籍内容的重要元素。作为设计师，不仅要系统地掌握色彩基本理论知识，还应研究书籍装帧设计的色彩特性，了解地域和文化背景的差异性，熟悉人们的色彩习惯和爱好，以满足千变万化的消费市场（见图3.48、图3.49）。

图3.48　书籍的色彩

图3.49　书籍的色彩

1. 书籍封面的色彩

书籍封面的功能是传递书籍内容，封面色彩与人们的情感有着密切的联系。设计师都在不遗余力地追求最大限度的视觉刺激，但目前国内的很多书籍设计在一定程度上存在误区，由于大量相同类型刊物的涌现，高亮度、高彩度色彩大面积的使用，醒目的文字充斥版面，但有时竟然适得其反，使封面淹没在众多的书籍中无法发现。所以加强书籍封面色彩的注目性需要把握一定的度，在设计中应注意以下三点：

（1）书籍封面用色要简洁。书籍封面设计的用色一般属于装饰色彩的范畴，主要是研究色彩块面的并置关系给消费者一种美的感受。从书籍的内容出发，色彩应做到提炼、概括和具有象征性，这是从审美的角度分析。从经济利益的角度来看，用色少可以降低成本，有利于商家和消费者的利益（见图3.50）。

（2）要注重视距层次。封面内的色彩元素配制不合理，甚至相互排斥，造成封面的视觉舒适度下降，使读者无法从众多的封面中发现设计师的作品，在视觉上色彩的应用应该从读者的视觉角度出发，形

图3.50 封面色彩设计

图3.51 书籍内页色彩设计

成远视距视觉刺激使读者走进观看，中视距的色彩相对较弱，使读者发现书籍封面的细节（见图3.51）。

（3）要考虑在同一个消费市场中和同一类书籍的货架上，你设计的书籍封面的色调和其他书籍的色彩所产生的对比关系，这也是引起注目性的一个重要因素。

2. 色彩与书籍定位一致

设计者首先要了解销售市场同类书籍的设计特点，在进行市场调研的基础上加上对书籍内容的理解才能确定设计的定位，在色彩运用中必须根据不同书籍的内容做到有的放矢。一般来说，艺术类杂志的色彩就要求具有丰富的内涵，要有深度，切忌轻浮、媚俗；科普书刊的色彩可以强调神秘感；时装杂志的色彩要新潮，富有个性；专业性学术杂志的色彩要端庄、严肃、高雅，体现权威感，不宜强调高纯度的色相对比。只有设计用色与设计内容协调统一，才能使书籍的信息正确迅速地传递（见图3.52、图3.53）。

3. 色彩的情感与读者产生共鸣

随着科学的发展，人们对色彩的研究已包括色彩物理、色彩生理、色彩心理等多种领域。色彩的心理作用表现在人对色

图3.52　《DOMUS》书籍色彩设计

图3.53　《龙门石窟》书籍设计

彩有冷暖、轻重、软硬、进退、兴奋与宁静、欢乐与忧愁等感觉，将这些色彩对人的生理和心理作用运用到书籍封面设计中去，是今后着重研究的方向。当然，色彩的心理作用及联想会因国度、民族、年龄、性别的不同及社会制度、气候条件、文化素养、宗教信仰、风俗习惯和职业等差异，产生不同的心理反应。比如红色常常用来代表中国形象的色彩，被称为中国红（见图3.54、图3.55）。此外，应注意色彩的心理作用和书籍作为商品性能的关系是复杂的，并非一成不变，色彩的心理和象征性也不是绝对的，书籍封面设计的色彩表现涉及多学科的综合课题。

设计者只有在不断的摸索中，才能使书籍设计的色彩语言更准确，更具科学性。如《路过》书籍设计（见图3.56~图3.59），采用特殊材料进行艺术加工，以牛皮纸色作为封面主体色，增强了书籍设计的易读性。

4. 书籍整体色彩的意象特征

（1）鲜明色调

鲜明色调指的是书籍的整体色彩主体是纯色构成的画面，整个书籍看起来干净、清澈、明快，有着个性鲜明、强烈的视觉冲击，适合于时尚类的书籍、企业的宣传画册、CG类的书籍（见图3.60、图3.61）。

图3.54　民间剪纸书籍设计

图3.55　书籍设计

图3.56 《路过》书籍设计1

图3.57 《路过》书籍设计2

图3.58 《路过》书籍设计3

图3.59 《路过》书籍设计4

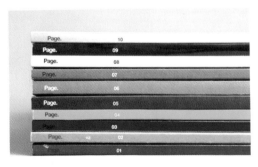

图3.60 现代书籍设计

图3.61 《色彩元素》书籍装帧设计

（2）明色调

明色调表现指的是以白色为基调的整体色彩设计，画面中有大量的留白设计，局部的图形有的是以强烈的色彩表现出强烈的视觉感，有的是以混入了白色或黑色的调和色与整体色彩形成一致淡雅的气质。清澈的整体色彩相比纯粹的色彩在书籍应用上更加具有明朗的、梦幻般的效果，虽然没有像纯色那样具有很强的视觉冲击，但是它表现的意境更突出，这种表现适合于时尚类、服装类、文学类的书籍等（见图3.62~图3.64）。

（3）温和的色调

温和的整体色调是在书籍的整体用

图3.64　《中华传统美德》书籍装帧设计

色上很少使用纯色，使用较多的是调和色、类似色，使画面看起来对比很弱，色彩感觉很轻、很柔软，给人温柔的效果。由于温和的色彩有很强的女性化倾向，因此得到女性的喜爱，所以很多女性书籍中色彩的使用非常柔和（见图3.65~图3.67）。

（4）浊色调

色彩对于硬朗的质感表现通常是用混和的浊色来实现，浊色可以钝化纯色具有的纯粹感，能够衍生微弱和素雅的氛围，给人以男人味的感觉。浊色使用的范围比较广泛，比如电子消费类、游戏类、建筑类、财经类等（见图3.68~图3.70）。

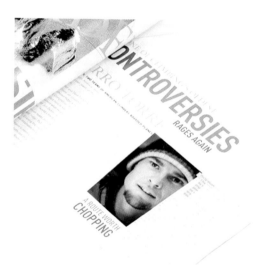
图3.62　书籍内页设计

图3.63　书籍内页设计

图3.65　《千字文》书籍设计 朱熹

图3.66 《苦·情缘》书籍设计 图3.67 《苦·情缘》书籍设计

图3.68 NONBO书籍设计

图3.69 《状态水墨》书籍设计 图3.70 书籍设计

第四章　书籍装帧的插图设计

在现代设计领域中插图设计可以说是最具有表现意味的，是人类用语言进行交流的一种视觉传达形式。随着科技的发展，材料、纸张和表现手法、技巧的不断丰富，现代书籍插图正以一种多元化的趋势，丰富着人们的文化生活。特别是在信息高速发达的今天，人们的日常生活中充满了各式各样的商业信息，插图设计已成为现实社会不可替代的艺术形式。

第一节　插图的概念与发展

插图也称为插画，是在文字中用以说明文字内容的图画，对文字内容作形象的说明，以加强作品的感染力和书刊版式的活泼性。插图带有强烈的作者主观意识，它具有自由表现的个性，无论是幻想的、夸张的、幽默的、情绪化的还是象征化的，都能自由表现处理。随着设计领域的扩大，插图表现技巧也日益专业化，如今插画工作早已由专门的插画设计师来担任。

插图家经常为图形艺术家绘制插图或直接为报纸、杂志等媒体配画，像摄影师一样具有各自的表现题材和绘画风格（见图4.1、图4.2）。由于对新形势、新工具的职业敏感和渴望，他们中的很多人开始采用电脑图形设计工具创作插图，这种新的摄影技术完全改变了摄影的光学成像的创作概念，而以数字图形处理为核心，又称"不用暗房的摄影"，它模糊了摄影师、插图画家及图形设计师之

图4.1　现代插图设计

图4.2　现代插图设计

图4.3　写实插图1

图4.4　写实插图2

间的界限。

　　插图艺术的发展有着悠久的历史，看似平凡简单的插画却是有很大的内涵。从世界最古老的插画《拉斯科洞窟壁画》到日本江户时代的民间版画《浮世绘》，无一不演示着插图的发展。插图最早是在19世纪初随着报刊、图书的变迁发展起来的，而它真正的黄金时代则是20世纪50—60年代首先从美国开始，当时刚从美术作品中分离出来的插图明显带有绘画色彩，而从事插图的作者也多半是职业画家，后来又受到抽象表现主义画派的影响，从具象转变为抽象，直到70年代，插画又重新回到了写实风格（见图4.3、图4.4）。

　　我国古代插图的历史演变可以看做是版画的发展历史。同时，也是民间年画史，只不过民间年画更早地独立成为一种商品，它是商业插图的前身（见图4.5、图4.6）。欧洲的插图历史与我国相似，最早也是运用于宗教读物之中，后来，插图被广泛运用于自然科学书籍、文法书籍和经典作家文集等出版物之中（见图4.7、图4.8、图4.9）。

图4.5　插图设计1

图4.6　插图设计2

图4.7　欧洲插图1　　　　图4.8　欧洲插图2

图4.9　欧洲插图3

社会发展到今天，插图被广泛地运用于社会的各个领域。插图艺术不仅扩展了我们的视野，丰富了我们的头脑，给我们以无限的想象空间，更开阔了我们的心智。随着艺术的日益商品化和新的绘图材料及工具的出现，插图艺术进入商业化时代。插图在商品经济时代，对经济的发展起到巨大的推动作用，插图的概念已远远超出了传统规定的范畴。纵观当今插图界画家们不再局限于某一风格，他们常打破以往单一使用一种材料的方式，为达到预想效果，广泛地运用各种手段，使插图艺术的发展获得了更为广阔的空间和无限的可能。在中国，插图虽然发展得较晚，但其源远流长。插图经过新中国成立后黑板报、版画、宣传画格式的发展，以及20世纪80年代后对国际流行风格的借鉴，90年代中后期随着电脑技术的普及，更多使用电脑进行插图设计的新锐作者涌现。

插图从诞生的母体——书籍以外，找到了巨大的生存空间，丰富的载体随着技术的进步、社会的需要而不断涌现。

第二节　插图的类型

插图是运用图案表现的形象，本着审美与实用相统一的原则，尽量使线条、形态清晰明快，制作方便。插图是世界都能通用的图形语言，在设计中通常分为人物插图、动物插图、商品形象插图、艺术插图和数码插图等。

一、手绘插图

手绘插图采用水彩、彩铅、素描、油画、版画等形式，采用一切可以利用的材料进行的绘画，或者多种方法相结合。手绘插图具有独特的艺术魅力，能充分展现鲜明的材质美感。不同的绘画工具在不同质面上绘制图画时留下的肌理痕迹可以给消费者带来不同的视觉美感。手绘插图对绘画者的基本要求相对较高，需要一定的艺术素养和手绘能力。

1. 人物形象

插图以人物为题材，容易与消费者相投合。人物形象最能表现出可爱感与亲切感，人物形象的想象性创造空间是非常大的，首先，塑造的比例是重点，生活中成年人的头身比为1：7或1：7.5，儿童的比例为1：4左右，而卡通人常以1：2或1：1的大头形态出现，这样的比例可以充分利用头部面积来再现形象神态。人物的脸部表情是整体的焦点，因此描绘眼睛非常重要。其次，运用夸张变形不会给人不自然不舒服的感觉，反而能够使人发笑，让人产生好感，使整体形象更明朗，给人印象更深（见图4.10~图4.13）。

图4.10 创意人物手绘插图1　图4.11 创意人物手绘插图2

图4.12 Tara McPherson
　　　 插图设计

图4.13 Tara McPherson
　　　 插图设计

2. 动物形象

　　动物作为卡通形象的历史已相当久远，在现实生活中，有不少动物成了人们所喜爱的宠物，这些动物作为卡通形象更受到公众的欢迎。在创作动物形象时，十分重视创造性，注重形象的拟人化手法。动物与人类的差别是表情上不显露笑容，但是卡通形象可以通过拟人化手法赋予动物具有如人类一样的笑容，使动物形象具有人情味。运用人们生活中所熟知的、喜爱的动物较容易被人们所接受（见图4.14、图4.15）。

　　Micah Lidberg插图设计作品取材自然与生物，艳丽的色彩与反白的线条营造出

异常华丽的视觉感，有种让人深陷的迷幻感（见图4.16~图4.19）。

3. 商品形象

　　是动物拟人化在商品领域中的扩展，经过拟人化的商品给人以亲切感。个性化

图4.14 森林恶魔 插图设计　图4.15 马来西亚Extremely
　　　　　　　　　　　　　　　　　　Shane插图设计

图4.16 Micah Lidberg插图设计

图4.17 Micah Lidberg插图设计

图4.18　Micah Lidberg插图设计

图4.19　Micah Lidberg插图设计

图4.20　夸张插图

图4.21　bobby chiu夸张插图

图4.22　艺术插图

的造型，有耳目一新的视觉感受，从而加深人们对商品的直接印象，以商品拟人化的构思来说大致分为两类：

第一类为完全拟人化，即夸张商品，运用商品本身特征和造型结构作拟人化的表现。第二类为半拟人化，即在商品上另加上与商品无关的手、足、头等作为拟人化的特征元素。以上两种拟人化塑造手法，使商品富有人情味和个性化。通过动画形式，强调商品特征，其动作、言语与商品直接联系起来，宣传效果较为明显（见图4.20、图4.21）。

4. 艺术形象

艺术插图适用于文学艺术类书籍。由于文学艺术类书籍内容广泛，如小说、传记、诗歌、散文、儿童读物、音乐、美术等，所以表现形式也不至于写实，还有半写实与抽象等。文字内容是插图设计的前提，艺术插图能含蓄地体现文学的内涵，文字与插图相互依存，情同手足；插图从属于书籍，书籍因插图而更富有感染力（见图4.22~图4.25）。

5. 数码插图

数码商业美术插图的发展使插图原有的书籍功能不再成为重点，影视动画脚本、漫画等形式则可能要占有更大的比例。现在市场传播过程迅速快捷，信息量庞杂，只有简明、醒目、清晰的传达才能取得比较好的传播效果。现代数码商业美术插图的表现倾向于写意、简化的图形，这一点符合信息社会的特点，单纯、强烈的形象更便于人们识别与记忆。

由于电脑绘图制作的特点，数码商业美术插图设计形成了独特的数字插图风格，主要有矢量插图的明快风格、电脑合成图像的视幻风格和CG插画的虚拟风格。

（1）矢量插画

矢量插图是这几年随着矢量电脑绘图软件路径、笔刷功能的强大，以及和手绘压感笔的高效结合而日益流行的插图风格。电脑图库资源的丰富，使得许多商业用途的图形和小插图可以直接从图库中提取和修改，但是通过勾描、处理、填色制作而成的矢量插图，逐渐成为年轻插画创作者和设计师的热爱。很多人充满了对技巧探索的兴趣和追求，矢量插图风格可以说是目前比较时尚的流行风格（见图4.26~图4.29）。

（2）电脑合成图像

使用电脑处理图片，进行照片、图像合成，也是广告插画流行的制作风格。电脑的合成技术早就达到了可以以假乱真的程度，电脑的神奇特效让虚拟变成现实，让幻想实现在眼前，达到令人惊叹的视觉效果。

（3）CG插图

CG插图主要指的是利用最新数码图像技术语言创造的绘画风格，主要包括漫画、游戏角色、电影虚拟形象等，是最前沿的插图设计形式，这一股潮流在全世界

图4.23 艺术插图

图4.24 艺术插图

图4.25 艺术插图

图4.26 矢量插图

图4.27 矢量插图

图4.28 艺术插图

图4.29 艺术插图

图4.30　CG插图

图4.31　CG插图

第三节　插图的创作与表现

一、插图的创作

　　为书籍创作插图，是从语言艺术向图形艺术的转换，即将文字转换为图形。插图是把书籍的思想用插图的视觉语言贴切地表达出来，与书籍的内容相辅相成，符合书籍的思想内涵并激发读者更多的想象空间。如法国的Véronique Meignaud的一组最新插图作品，色彩与形态交织在一起，插图的艺术风格非常独特（见图4.32、图4.33）。

　　随着科技的发展，数字化技术的广泛运用，插图设计的创作也有了新的变化，产生了计算机插图艺术。借助于高技术的摄影和计算机软件等手段，现代插图设计

范围内如火如荼地展开，无数CG爱好者创造了大量的CG角色，探索超验的感官想象世界。在国外，CG设计师大量服务于各大电影公司与游戏、动画公司，角色和电影特效设计成为热门的行业（见图4.30、图4.31）。

　　我们已迅速进入了数码艺术和新媒体时代，影像图形在信息传播中呈现出一种强势，扮演着重要的角色，成为流行的沟通手段。电脑具有强大的数据传输、处理能力，提供了许多手工无法达到的效果和功能。但计算机是人类发明制造的物质存在，它最终还是需要依赖于人的灵性和感性来发挥作用。数字化的工具说到底也只是一种强大的工具而已，艺术设计的关键在于通过人的思想和主观意志，驾驭电脑实现艺术表达和信息图形的传达沟通。

图4.32　《Véronique Meignaud》插图设计

图4.33 《Véronique Meignaud》插图设计　图4.34 《EXPOSE》插图设计　图4.35 《EXPOSE》插图设计

已不仅仅局限于手绘方式，而更多的是采用电脑绘制，既丰富了创作者的想象空间，也给书籍内容的传达提供了多元选择的可能，如《EXPOSE》插图设计采用了多样化的表现形式，将作品主题淋漓尽致地展现在读者面前（见图4.34~图4.37）。

二、插图的表现

插图的表现方法丰富多样，主要有摄影插图，绘画插图（包括写实的、纯粹抽象的、新具象的、漫画卡通式的、图解式的等）和立体插图三大类。摄影插图是最常用的一种插图，具有真实可靠能客观地表现产品的特征。作为招贴广告的摄影插图与一般的艺术摄影最大的不同之处就是它要尽量表达商品的特征，扩大产品的真实感，而艺术摄影为了追求某种意境，常将拍摄对象的某些真实特征作艺术性的减弱。作为招贴广告用的摄影插图最好用120单镜头反光照相机来进行拍摄，根据不同题材要求，还要配备一些常用的镜头，如广角镜、长焦镜、微距镜以及近摄镜等。招贴的摄影插图创作一般采用彩色

图4.36 《EXPOSE》插图设计　图4.37 《EXPOSE》插图设计

反转片，以保证印刷制版的质量。

1. 摄影插图

摄影插图的制作大多数在室内进行，背景需要人工布置，以烘托主摄体，要备用的衬景材料包括呢绒、丝绒、布、纸等，当然还可大胆试用目前市面已出现的墙布、毛麻料等，有条件的还可采用幻灯背景，它们的优点是不受时间、地点、气候的影响，达到广告创意的要求（见图4.38~图4.44）。

2. 绘画插图

绘画插图具有自由表现的个性，无论是幻想的、夸张的、幽默的、情绪的还是

图4.38　Eric Traoré 摄影插图

图4.39　Eric Traoré 摄影插图

图4.40　Eric Traoré 摄影插图

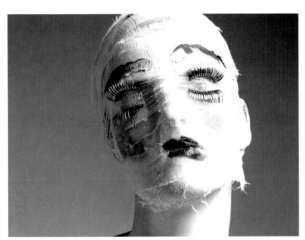

图4.41　Eric Traoré 摄影插图

图4.42　摄影插图

图4.43　摄影插图

图4.44　摄影插图

象征化的状态，都能自由表现处理。作为一个插画师必须完全消化广告创意的主题，对事物有较深刻的理解，才能创作出优秀的插图作品。自古绘画插图都是由画家兼任，随着设计领域的扩大，插图技巧日益专业化，如今插图工作早已由专门的插图家来担任，主要有以下几种方式：

（1）喷绘法

喷绘法是一种利用空气压缩机的空气输送，将颜料透过喷笔来作画的技法。它的特点在于没有一般绘画所造成的笔触，且画面过渡自然，应用价值极高。

（2）漫画卡通形式

漫画卡通插图可区分为夸张性插图、讽刺性插图、幽默性插图及诙谐性插图四种。夸张性插图抓住被描述对象的某些特点加以夸大和强调，突出事物的本质特征，从而加强表现效果（见图4.45、图4.46）。讽刺性插图一般用以贬斥敌对的

图4.46 夸张性插图

图4.47 讽刺性插图　　图4.48 讽刺性插图

或落后的事物，它以含蓄的语气讥讽，以达到否定的宣传效果（见图4.47、图4.48）。幽默性插图则是通过影射、讽喻、双关等修辞手法在善意的微笑中，揭露生活中乖讹和不通情理之处，从而引人发笑，从笑中领悟到一些事理。诙谐性插图则使广告画面富有情趣，使人在轻松情境之中接受广告信息，在愉悦环境之中感受新概念，并且特别难以忘却（见图4.49、图4.50）。

3. 抽象插图

抽象插图是利用有机形、几何形或线条进行组合，运用各种混合材料产生偶然效果，抽象艺术指艺术形象较大程度偏离或完全抛弃自然对象外观的艺术（见图4.51、图4.52）。抽象艺术一般被认为是一

图4.45 夸张性插图

图4.49　诙谐性插图
　　　　Bill Mayer

图4.50　诙谐性插图
　　　　Bill Mayer

4. 立体插图

　　应用于招贴广告中的一种极富表现力的插画形式，目前在国内还较少见，但从国际上招贴广告的发展来看，已是必然趋势。它的制作方法是：根据广告创意先做一件立体构成形式的作品，再拍成照片，用于招贴广告画面中。这就要求招贴设计师和插画师不仅要有较好的平面设计能力，还要具备扎实的立体构成基础。立体插图的另一种方法就是以描画来表现出立体形象，是在二维纸面上表现出的三维空间的幻象（见图4.59、图4.60）。总之，现代插画已不再局限在二维表现空间范围，仅靠二维表现技法已不适应现代插画设计的要求。

种不描述自然世界的艺术，它透过形状和颜色，以主观方式来表达。卜桦抽象插图设计传递了丰富的色彩理念和图形元素（见图4.53~图4.58）。

图4.51　《童年》抽象插图　肖巍

图4.52　《童年》抽象插图　肖巍

图4.53　卜桦《励志书》
　　　　抽象插图1

图4.54　卜桦《励志书》
　　　　抽象插图2

图4.55　卜桦《励志书》
　　　　抽象插图3

图4.56　卜桦《励志书》
　　　　抽象插图4

图4.57 卜桦《数字仙境》抽象插图1

图4.58 卜桦《数字仙境》抽象插图2

图4.59 立体插图1

图4.60 立体插图2

第五章　书籍的印刷与装订

书籍的印刷与装订是书籍带给读者的第一印象，是书籍设计的外在形式之一，也是书籍设计中首先考虑的因素。随着我国出版业的发展规模不断壮大，有影响力的优秀图书不断涌现，目前市场上书籍开本设计也愈加丰富多彩，个性鲜明。

第一节　书籍的开本

1. 开本的概念

开本是指一本书的大小，也就是书的面积。通常把一张按国家标准分切好的平板原纸称为全开纸，在以不浪费纸张、便于印刷和装订生产作业的前提下把全开纸裁切成面积相等的若干小张称之为多少开数，将它们装订成册，则称为多少开本。

书籍的开本也是一种语言。作为最外在的形式，开本是一本书对读者传达的第一句话，好的设计带给人良好的第一印象，而且还能体现出这本书的实用目的和艺术个性。比如，小开本可能表现了设计者对读者衣袋书包空间的体贴，大开本也许又能为读者的藏籍和礼品增添几分高雅和气派（见图5.1、图5.2、图5.3）。设计

图5.1　书籍开本的大小

图5.2　《画魂》异形开本　吴勇

图5.3 《画魂》异形开本 吴勇

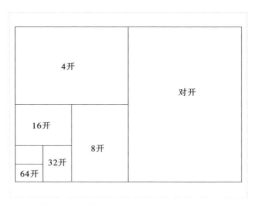

图5.4 常见开本示意图

师的匠心不仅体现了书的个性，而且在不知不觉中引导着读者审美观念的多元化发展。但是，万变不离其宗，"适应读者的需要"始终应是开本设计最重要的原则。

2. 开本的开切方法

我们把一张按国家标准分切好的原纸称为全开纸。目前最常用的印刷正文纸有787mm×1092mm和889mm×1194mm两种。

在面向读者的基础上，开本设计丰富多样，这些不同的要求只能通过纸张的开切来解决。纸张的开切方法大致可分为几何开切法、非几何开切法和特殊开切法，最常见的几何开切法，它是以2、4、8、16、32、64、128……的几何级数来开切的，这是一种合理的、规范的开切法，纸张利用率高，能用机器折页，印刷和装订都很方便（见图5.4）。

（1）几何级数开切法

这是最常用的纸张开法，每一种开本的幅面均为上一级幅面的一半，（以2为几何级数裁切）这是一种合理的、规范的开法，是一般书籍采用的开切法，纸张利用率高，能用机器折页，印刷和装订都很方便（见图5.5）。

（2）直线开切法

直线开切法纸张有纵向和横向直线开切，既不浪费纸张，开本的形式也很丰富（见图5.6）。

（3）纵横混合开切

纸张的纵向和横向不能沿直线开切，开下的纸页分纵向和横向，不利于技术操作和印刷，易剩下纸边造成浪费（见图5.7）。

3. 开本的类型

（1）左开本和右开本

左开本指书刊在被阅读时，向左面翻开的方式。左开本书刊为横排版，即每一行字是横向排列的，阅读时文字从左往右看。右开本指书刊在被阅读时是向右面翻开的方式。右开本书刊为竖排版，即每一行字是竖向排列的，阅读时文字从上至下、从右向左看（只指汉字的排列）（见图5.8、图5.9）。

（2）纵开本和横开本

纵开本指书刊上下（天头至地脚）规格长于左右（订口至切）规格的开本形式。书籍在装订加工过程中常将开本尺寸

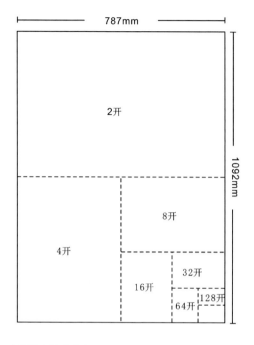

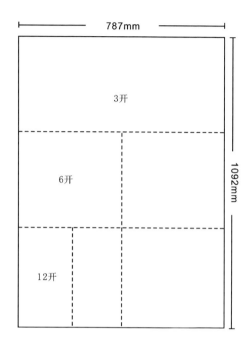

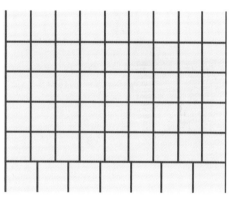

图5.5　几何级数开切法

图5.6　直线开切法

图5.7　纵横混合开切

图5.8　书籍开本设计

图5.9　书籍开本设计

中的大数字写在前面，如297mm ×
210mm（长×宽），则说明该书刊为纵开
本形式（见图5.10、图5.11）。

4. 确定书籍开本大小需要考虑的因素

确定了开本的大小之后，才能根据设
计的意图确定版心，版面的设计、插图的
安排和封面的构思，并分别进行设计。独
特新颖的开本设计必然会给读者带来强烈
的视觉冲击力。

（1）书籍的性质和内容

书籍的高与宽已经初步确定了书的性
格。书籍设计大师吴勇说："开本的宽窄
可以表达不同的情绪。窄开本的书显得

图5.12 书籍开本设计

图5.10 书籍设计

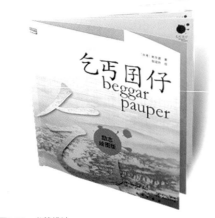

图5.11 书籍设计

俏，宽的开本给人驰骋纵横之感，标准化
的开本则显得四平八稳。设计就是要考虑
书在内容上的需要。"

比如，诗集一般采用狭长的小开本。
诗的形式是行短而转行多，读者在横向上
的阅读时间短，诗集采用窄开本是很适合
的（见图5.12）。相反，其他体裁的书籍采
用这种形式则要多加考虑。经典著作、理
论书籍和高等学校的教材篇幅较多，一般
采用大32开或面积近似的开本较为合适。
比如，青少年读物一般是有插图的，可以
选择偏大一点的开本，儿童读物因为有图
有文，图形大小不一，文字也不固定，因
此可选用大一些接近正方形或者扁方形的
开本，适合儿童的阅读习惯。多采用小开
本，如24开、64开，小巧玲珑，但目前也
有不少儿童读物，特别是绘画本读物选用
16开、甚至是大16开，图文并茂，倒也不
失为一种适用的开本（见图5.12~图5.16）。

字典、词典、辞海、百科全书等有大
量篇幅，往往分成2栏或3栏，需要较大的
开本。小字典、手册之类的工具书开本选
择42开以下的开本。画册是以图版为主

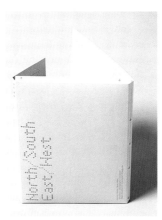

图5.13 书籍开本设计　　　　　　　图5.14 书籍开本设计　　　　　　　图5.15 方形开本书籍设计

图5.16 方形开本书籍设计

相对较弱,要求书中的字号大些,同时开本也相应放大些,青少年读物一般都有插图,插图在版面中交错穿插,所以开本也要大一些。再如普通书籍和作为礼品、纪念品的书籍的开本也应有所区别。

图5.17 画册的开本

的,先看画,后看字。有6开、8开、12开、大16开等,小型画册宜用24开、40开等。由于画册中的图版有横有竖,常常互相交替,采用近似正方形的开本,合适、经济实用。画册中的大开本设计,视觉上丰满大气,适合作为典藏及礼品书籍,有收藏价值,但需考虑到成本的节约(见图5.17、图5.18)。

(2)读者对象和书的价格

读者由于年龄、职业等差异对书籍开本的要求就不一样,如老人、儿童的视力

图5.18 画册的开本

（3）原稿篇幅

书籍篇幅也是决定开本大小的因素。几十万字的书与几万字的书，选用的开本就应有所不同。一部中等字数的书稿，用小开本，可取得浑厚、庄重的效果，反之用大开本就会显得单薄、缺乏分量。而字数多的书稿，用小开本会有笨重之感，以大开本为宜。

开本形式的多样化是大势所趋，但需要强调的是，开本的设计要符合书籍的内容和读者的需要，不能为设计而设计、为出新而出新。设计师不能把自己完全当做艺术家，把书籍装帧当成个人作品，应该说，书也是一种商品，不能超越这个规律，书籍设计必须符合读者和市场的需要。

图5.19　画册的开本

第二节　书籍的印刷工艺

印刷是书籍装帧的重要手段，其工艺以平版、凸版、凹版印刷和丝网印刷工艺为主，印刷的合理运用和质量好坏是书籍设计作品体现的重要因素。了解印刷工艺流程、合理运用印刷工艺，才能更好地为书籍装帧设计服务（见图5.19、图5.20）。

图5.20　画册的开本

1. 书籍印刷工艺流程

（1）导入图像文件

将要制作的素材与原稿、样稿导入电脑中制作，可用的导入设备：图像资源CD、数码相机及摄像机、扫描仪。

（2）编辑和保存

如果需要在电脑中进行设计排版的作品通过各类影像、制图软件制作并保存作品，常用的应用程序：Photoshop、Painter（点阵图像处理软件）、Illustrator、Freehand、CorelDraw、PageMaker、方正飞腾、蒙泰5.0及各类三维设计工具（3DMAX、MAYA）。

（3）数据的移动

一般设计印刷公司没有激光照排系统，就需通过移动存储的方式来解决出片的问题，由于软盘容量小在实际工作中已很少用，只适用文字、图形等小文件，常见移动存储的介质有USB存储器（U盘）、CD-R、CD-RW、MO光盘、外置硬盘以及利用网络在线传送数据的方式，如通过ICQ、OICQ在线传送或

E-mail、FTP等方式，也可登录出片厂家的服务器。

（4）输出胶片

作品设计好后先经显示器检查与参考"标准印刷色谱"检查色值，然后用彩色打印机输出检查有无错误，文件经出片厂根据不同类型输出成单色、双色、四原色或其他多色专色胶片，注意应是正像正阳图或正阴图，即药膜面朝上的菲林。

（5）打样

出好的菲林经制版后将印刷小样与原稿进行对比，校正有误的颜色及查看是否符合后继印刷加工的要求。

（6）印刷

打样经校对无误，符合客户要求后定稿正式印刷，印刷厂应对印刷颜色的正确性予以严格的监控，以达到质量要求。

（7）后期加工

鉴于部分装帧网印工艺需在印刷覆膜工序之后，根据工艺要求进行套印或结合各烫印、型版压印工艺制作，最后横切压痕处理。

（8）装订

装订是书籍制作工序最后部分，装订方法很多，根据不同需求可分平装书籍与精装书籍两大类。平装书籍以纸质软封面为主，是比较普及、廉价的装订（包括：线装、平订装、骑马订、穿线骑马订、穿线胶装、胶装、机械装、活页装等）；精装书籍工艺繁杂、成本高，但坚固耐用、便于保存，多用于工具书、典藏书籍、高档画册等（印刷工艺流程图见图5.21）。

2. 拼版的基础知识

在印前或制版过程中，需要将设计的小幅页面，拼版成适合印刷机械大小的印刷版尺寸。拼版可用计算机自动拼版，或请菲林输出公司帮助用计算机自动拼版或送印刷厂手工拼版。然而，手工拼版存在误差，计算机拼版精确无误差。

3. 设计与印刷

（1）平版印刷

平版印刷是书籍中最常用的印刷工艺，印纹部分与非印纹部分同处在一个平面上，利用油水相斥的原理，使印纹部分保持油质，非印纹部分则在水辊经过时吸收了水分，当油墨辊滚过版面后，有油质的印纹沾上了油墨，而吸收了水分的部分则不沾油墨，从而将印纹转印到纸上（见图5.22）。

平版印刷的特点是印刷速度快、成本低、质量好、套色准确、色调柔和、层次丰富、吸墨均匀、适合大批量印制，尤其是印刷图片。

（2）丝网印刷

丝网印刷又称孔版印刷，是由油墨透过网孔行的印刷，丝网使用的材料有绢布、金属及合成材料的丝网及蜡纸等（见图5.23）。丝网印刷最适合于进行单色或双色印刷，其原理是将印纹部位镂空成细孔，非印纹部分不透。印刷时把墨装置在版面之上，而承印物则在版面之下，印版紧贴承印物，用刮板刮压使油墨通过网孔渗透到承印物的表面上。

丝网印刷的特点是丝网印刷操作简便、油墨浓厚、色泽鲜艳，而且不但能在平面上印刷，也能在弧面上或立体承印物上印刷，印制的范围和对承印物的适用性很广。缺点则是印刷速度慢，以手工操作为主，不适于批量印刷。

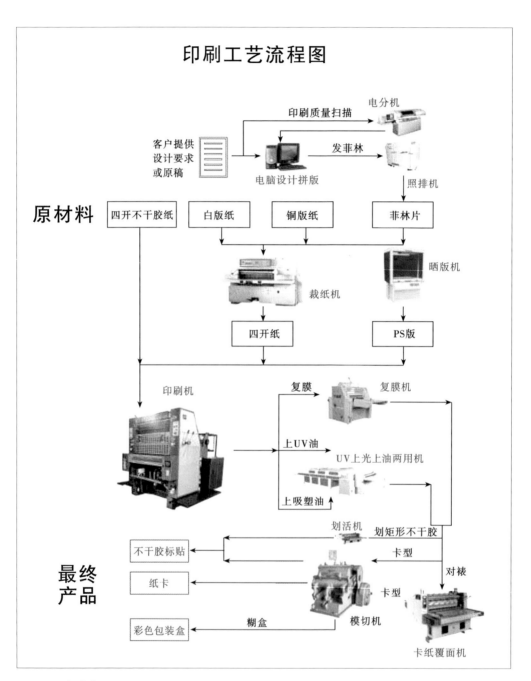

图5.21　印刷工艺流程图

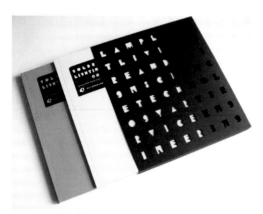

图5.22　平版印刷

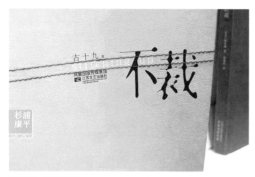

图5.23　丝网印刷

（3）数码印刷

数码印刷是互联网迅猛发展同期出现的一种印刷方式，是将计算机和印刷机连接在一起，不需要单独制版设备，将数码信息文件直接制成印刷成品的过程，特点有：

第一，周期短。数码印刷无需菲林，自动化印前准备，印刷机直接提供打样，省去了传统的印版，不用软片，简化了制版工艺，并省去了装版定位，水墨平衡等一系列的传统印刷工艺过程（见图5.24、图5.25）。

第二，数码印刷品的单价成本与印数无关，其印数一般在1~5 000份的印刷作业。

第三，数码印刷的快捷灵活是传统印刷无法做到的，由于数码印刷机中的成像系统可以实时生成影像，档案即使在印前修改，也不会造成损失。感光鼓或PIP使您可以一边印刷，一边改变每一页的图像或文字。

4. 常用装饰加工工艺

（1）上光加工技术

上光是在印刷品表面涂布（喷、印）一层无色透明涂料，经流平、干燥（压光）后，在印刷品表面形成薄而均匀的透明、光亮膜层的加工工艺。上光可以增强印刷品的外观效果，改善印刷品的使用性能及保护性能。UV上光可改善封面装潢效果扫描，尤其是局部UV上光，通过高光画

图5.24　数码印刷宣传物料

图5.25　数码印刷书籍设计

面与普通画面间的强烈对比，能产生丰富的艺术效果。由于UV上光具有比传统上光和覆膜工艺无法比拟的优势，无污染、固化时间短、上光速度快、质量较稳定，已成为上光工艺的发展方向（见图5.26、图5.27）。

（2）覆膜工艺

覆膜是将透明塑料薄膜通过热压复合在图书封面以达到耐摩擦、耐潮湿、耐光、防水和防污染的要求印前工艺，并且增加了光泽度。覆膜材料有高光型和亚光型两种。高光型薄膜可使书籍封面光彩夺目，富丽堂皇。

（3）凹凸压印工艺

凹凸压印工艺是利用相互匹配的凹凸型钢模或铜模，在材料上压出凹凸立体状图型或印纹图案。书籍装帧中，凹凸压印主要用来印制函套、封面文字、图案和线框（见图5.28、图5.29）。

（4）烫印

在木板、皮革、织物、纸张或塑料等材质的封面上，用金色、银色或其他颜色的电化铝箔或粉箔（无光）通过加热烫印书名、图案、线框等。经烫印后的图书封面艺术效果突出，高贵华丽。

除此之外，常用书籍装饰加工工艺还

图5.26　UV上光

图5.27　UV上光

图5.28　凹凸压印

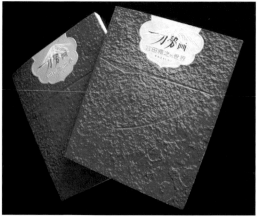

图5.29　《刀势画》·敬人书籍设计

图5.30　装饰加工工艺

图5.31　装饰加工工艺

包括模切、镂空、印纹、压线等，并各具特点，对书籍封面、护封及函套的最终效果起着关键作用。这些装饰加工工艺虽然不能改变图文印刷的色彩印前工艺，却能极大地提高其艺术效果，是书籍增值和促销的重要手段（见图5.30、图5.31）。

第三节　书籍的装订方式

装订是书籍印刷的最后一道工序，书籍在印刷完毕后，仍是半成品，只有将这些半成品用各种不同的方法连接起来，再采用不同的装帧方式，使书籍杂志加工成便于阅读、便于保存的印刷品，才能成为书籍、画册等，供读者阅读。

装订是书籍从配页到上封成型的整体作业过程。包括把印好的书页按先后顺序整理、连接、缝合、装背、上封面等加工程序。装订书本的形式可分为中式和西式两大类。

1.中式装订形式

中式类以线装为主要形式，其发展过程，大致经历简策装（周代）、卷轴装（汉代）、旋风装（唐代）、经折装（唐代）、蝴蝶装（宋代）、包背装（元代）、最后发展至线装（明代）（见图5.32、图5.33）。现代书刊除少数仿古书外，绝大多数都是采用西式装订，西式装订可分为平装和精装两大类。

2.平装书装订形式

平装书的结构基本是沿用并保留了传统书的主要特征，被认为由传统的包背装演变而来，外观上它与包背装可以说完全一样，只是纸页发展成为两面印刷的单张，装订方式采用多种形式。平装是我国书籍出版中最普遍采用的一种装订形式。它的装订方法比较简易，运用软卡纸印制封面，成本比较低廉，适用于一般篇幅少、印数较大的书籍。平装书的订合形式常见的有骑马订、平订、锁线订、无线胶

图5.32　中式装订书籍设计　　图5.33　中式装订书籍设计

订、活页订等。

（1）平订

即将印好的书页经折页、配贴成册后，在订口一边用铁丝订牢，再包上封面的装订方法，用于一般书籍的装订。这种装订方法简单，双数和单数的书页都可以订（见图5.34）。

（2）骑马订

是将印好的书页连同封面，在折页的中间用铁丝订牢的方法，适用于页数不多的杂志和小册子，是书籍订合中最简单方便的一种形式。这种装订方式简便，加工速度快，订合处不占有效版面空间，书页翻开时能摊平（见图5.35）。

（3）锁线订（胶背订）

即将折页、配贴成册后的书芯，按前后顺序，用线紧密地将各书帖串起来然后再包以封面。这种装订方式既牢固又易摊平，适用于较厚的书籍或精装书。与平订相比，书的外形无订迹，且书页无论多少都能在翻开时摊平，是理想的装订形式（见图5.36）。

（4）无线胶订

用胶质物代替铁丝或棉线作连接物进行装订，也叫无线订，适用于较厚的书本，产品庄重华贵，成本低，效率高，出书快，读者翻书也容易。胶订是目前广泛使用的装订工艺。无线胶订方法简单，书页也能摊平，外观坚挺，翻阅方便，成本较低（见图5.37）。

图5.34　平订

图5.35　骑马订

图5.36　锁线订

图5.37　无线胶订

图5.38　活页装订书籍设计

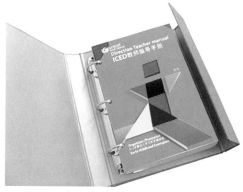

图5.39　活页装订书籍设计

（5）活页订

在书的订口处打孔，再用弹簧金属圈或螺纹圈等穿锁扣的一种订合形式。单页之间不相粘连，适用于需要经常抽出来、补充进去或更换使用的出版物。新颖美观，常用于产品样本、目录、相册等。优点是可随时打开书籍锁扣，调换书页，阅读内容可随时变换。活页订的常见形式是穿孔结带活页装、螺旋活页装、梳齿活页装等（见图5.38、图5.39）。

3. 精装书的装订形式

精装是书籍出版中比较讲究的一种装订形式。精装书比平装书用料更讲究，装订更结实。精装特别适合于质量要求较高、页数较多、需要反复阅读，且具有长

时期保存价值的书籍。主要应用于经典、专著、工具书、画册等。其结构与平装书的主要区别是使用的材料方面，通常会采用硬质的封面或外层加护封，有的甚至还要加函套，并在封面上使用许多精美的材料装饰书籍，如皮革，绸缎，绒毛等。精装书在设计形式和印刷技巧上也相当讲究，比如书名会采用烫金、压凸、漆色等工艺处理。

（1）精装书的封面

精装书的书籍封面，可运用不同的物料和印刷制作方法，达到不同的格调和效果。精装书的封面面料很多，除纸张外，有各种纺织物，有丝织品，还有人造革、皮革和木质等。

硬封面把纸张、织物等材料裱糊在硬纸板上制成，精装书中很多不仅是硬质封面，还加上硬质封套，适宜于便于收藏的大型和中型开本的书籍（见图5.40~图5.43）。软封面是用有韧性的牛皮纸、白板纸或薄纸板代替硬纸板，轻柔的封面使人有舒适感，适宜于便于携带的中型本和袖珍本，例如字典、工具书和文艺书籍等。

（2）精装书的书脊

①平脊。是用硬纸板做书籍的里衬，

图5.40　《甲骨文》书籍设计

封面也大多为硬封面，整个书籍的形状平整、朴实、挺拔、有现代感，但厚本书（约超过25毫米）在使用一段时间后书口部分有隆起的危险，有损美观（见图5.43）。

②圆脊。是精装书常见的形式，其脊面呈月牙状，以略带一点垂直的弧线为好，一般用牛皮纸或白板纸做书脊的里衬，有柔软、饱满和典雅的感觉，尤其薄本书采用圆脊能增加厚度感（见图5.44）。

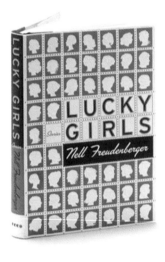

41	42
43	44

图5.41　《皮影》精装书籍设计
图5.42　《皮影》精装书籍设计
图5.43　平脊书籍设计
图5.44　圆脊书籍设计

第六章　书籍装帧设计的形态创新

　　书籍作为精神产品和传统的文化有着内在的统一性，文化的共性渗透在书籍形态设计的理念中也是不容置疑的，书籍设计在文化的影响下即以书籍形态的形式存在。我们现在所提倡的"形态"和"装帧"的传统概念是两个不同的范畴，所谓"装帧"是对书籍进行装饰和打扮（见图6.1、图6.2）。在20世纪30—40年代，装帧指的是书籍封面的设计，甚至封面设计可以不考虑书的内容，仅仅追求一种装饰美。版画多运用于封面设计是这时期的主旋律。"帧"字的本义是书画等物的数量单位，在此种意义上可以理解装帧属于书

籍最后一道工序即装订范畴。而书籍的"形态"是书籍外在美与内在美的结合，形态的塑造是著作者、出版者、编辑、设计家、印刷装订工艺技术人员共同完成的系统工程。所以今天要以整合的理念去把握"书"的全部流程，这种理念是和当下时代大的背景相吻合的。

　　现代书籍形态的设计不再仅仅是视觉的延伸，而是包括听觉、触觉、嗅觉的生命体，著名的现代书籍形态设计家吕敬人倡导的胰岛化学结构的新型传播媒体，就是知识的横向、纵向、多向位的、漫反射式的相互照应牵连，触类旁通。融合传统

图6.1　EXE品牌书籍设计

图6.2　英国品牌书籍设计

图6.3 《中国记忆》书籍设计

图6.4 《世界人文简史》书籍设计

书卷美与现代书籍形态的设计塑造，这也是书籍形态变革的价值所在，是评价书籍设计美与不美的价值标准（见图6.3）。例如《世界人文简史》书籍设计，吕敬人先生从书籍的整体形态设计把握书的内容和形式的统一，从封面到内文的每一面均不能游离于主题，要确立一种形式风格，经过有序的编排，产生节奏和旋律，运用视觉形态凸显书籍形态（见图6.4）。

第一节 概念书籍装帧设计

现代概念书籍装帧设计的研究，不应只着眼于书籍装帧设计的商业性目的，应该通过对概念书籍装帧设计的探索和研究，注重其对现代书籍装帧设计的思考方式、设计材料的运用、印制工艺的发展等方面的积极影响（见图6.5、图6.6）。

一、概念书籍定义

概念书籍装帧设计是现代人对书籍设计提出的一种新的设计观念，它的出现是对未来书籍装帧设计的一种探索。概念书籍装帧设计不是凭空产生的，它是在现代设计的过程中产生的。

概念书籍是书籍装帧设计的新形态，能激发设计师更加努力地探索书籍的艺术形态和结构形式美，使书籍装帧设计保持创新的特征。当然这其中还包括了对印刷工艺、装订、材料等各方面表现力的进一步挖掘，这就使得书籍装帧设计必须包含更为广泛的内容和形式，并且突破了传统表面装饰的狭隘观念，由内及外全面介入书籍内容的核心，跨入新的书籍装帧设计领域，在新的书籍装帧设计观的引导下对书籍结构、材料、印制工艺进行新的探索和研究。

装帧设计是当代书籍装帧设计的概念创新，是对传统书籍形态的挑战，就如同后现代主义对现代主义的挑战一样，新的

图6.5 概念书籍设计

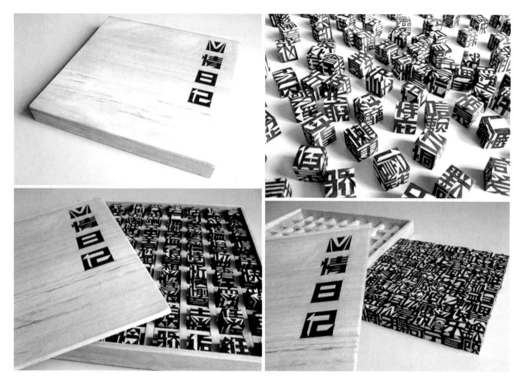

图6.6 《心情日记》概念书籍设计

观念改变了人们对原有书籍形态的认识，更新了书籍装帧设计的传统观念，提升了书籍装帧设计师的创新能力。设计的创新能力可以理解为具有价值的新颖构想和新的领悟能力，从全新的概念出发，敢于进行大胆、自由的想象，打破旧的观念和模式。《数字时代》概念书籍设计以算盘为设计素材，通过置换算珠，添加数字符号元素进行概念书籍设计（见图6.7）。

概念设计最重要的特征之一就在于它对独特个性和前卫理论的强调，概念书籍装帧设计担当了开创当代书籍装帧设计先锋的角色，引导了书籍装帧设计的新理念（见图6.8）。在数字化的时代，人们获取知识和信息已不单纯依赖于传统出版物，电

子出版物必将是未来书籍发展的方向之一。在结合字、声、像一体的多媒体面前，书籍出版业将面临严峻的挑战，我们更应该改变以往书籍装帧设计的单一思维方式，更新观念，创造出新的书籍形态。如《ONE DAY》概念书籍设计（见图6.9），

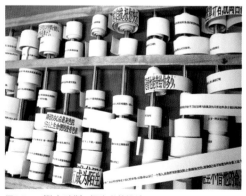

图6.7 《数字时代》概念书籍设计

图6.8　AGI概念书籍设计

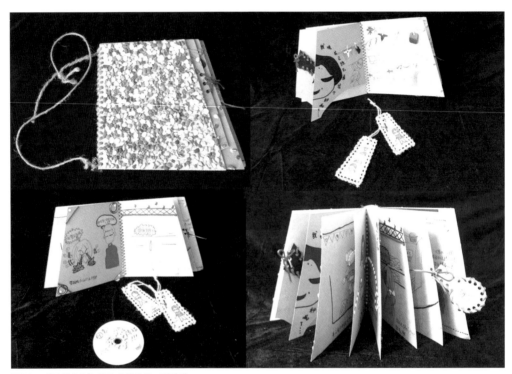

图6.9　《ONE DAY》概念书籍设计　邵洋洋

运用异型构成书籍形体设计，运用几何元素加以搭配，形成较强的视觉表现力。在封面材质的运用上，采用各式大小不一、颜色丰富的装饰石头进行效果的处理，增强了书籍设计的空间感，传递了主题的内涵。

目前，国外的概念书籍在形态上已经摆脱了书籍的传统模式。设计者以独特的视觉信息、编辑思路和创造性的书籍表达语言来传达文字作者的思想内涵，并体现着非常强烈的个性。它们既是书籍信息的传递，也是一件具有审美价值的艺术品。从这个概念上讲，概念书籍具有无穷无尽的表现形式，设计师们从传统的书籍形态概念出发，可以延展出许多具有新概念的书籍形态来。

图6.10　照相机概念书籍设计　陈柳茵

图6.11　照相机概念书籍设计　陈柳茵

概念书的设计是书籍设计中的一种探索性行为。从表现形式、材料工艺上进行前所未有的尝试，并且在人们对书籍艺术的审美和对书籍的阅读习惯以及接受程度上寻求未来书籍的设计方向，它的意义就在于扩大大众接受信息模式的范围，提供人们接受知识、信息的多元化方法，更好地表现作者的思想内涵，它是设计师传达信息的最新载体。照相机概念书籍设计通过相机形态进行大胆的尝试，展示书籍设计空间感（见图6.10、图6.11）。

二、概念书籍的材料应用

书籍装帧设计是对书籍主题内容的艺术表现，通过整体视觉形象产生美感的同时使读者得到启迪和领悟。但是无论多么

好的艺术创意都需要通过材料和印制工艺才能转化成物化形态的书，材料的合理运用是把设计者的创意物化为书籍形态的重要环节之一，概念书籍装帧设计对书籍装帧设计材料的运用具有重要的引导意义。

不同时期的书籍，有不同的装帧概念与形式，书籍的材料也在不断发展和变化。在远古时期，人们取材于自然界的现成物质材料，如在石头、兽骨、金属、陶瓷、砖瓦上刻写文字，产生当时的"书籍"。在国外也有莎草纸书、蜡版书、泥版书、手抄书、羊皮纸书等。从"甲骨"到"简"，从"帛"到纸张的发明，再到如今各种新材料的运用，书籍的材料在漫长的历史发展过程中不断地变化着（见图6.12、图6.13）。随着社会科技的进步，书籍设计对材料的运用会更加丰富多彩。

1. 书籍材料

概念书籍装帧设计在材料的选择和运用上摆脱了传统纸张的束缚，在概念思维的影响下对新的材料进行探索，使设计者对材料的选择有了更大的空间，任何和主题概念相关的材料都可以应用到书籍装帧设计上。设计者可以用木材、金属、塑料、玻璃等非常规书籍材料来展现不同常

图6.12　概念书籍设计　　　　图6.13　《卫东青》概念书籍设计

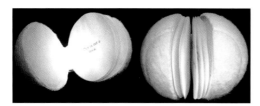

图6.14 概念书籍设计

图6.15 《ART》概念书籍设计

理的设计观，关键是如何合理地运用。材料的巧妙运用还可以让人们在感观上、触觉上更加直接地感受书籍的内涵，更好地

体会现代整体书籍装帧设计观，使读者丰富对书的理解与认识。设计师运用网球和铁丝的特性进行巧妙组合，完善了概念书籍设计的艺术感（见图6.14、图6.15）。

书籍材料的丰富也适应了现代人复杂的审美需求，让人们全方位地感受书籍的美。但是，概念书籍装帧设计对材料的运用绝不是引导书籍的奢华设计，书籍设计并非只有高档材料才能达到最佳效果。材料选用必须与设计要求以及书籍的内容相适应、相匹配，应该用最适合的材料，做出最美的书。但同时要提倡朴素、简洁和环保的现代设计观，使内容与形式完美统一，实现"物尽其用"，尽显书籍之美（见图6.16~图6.18）。

《其实我只是棵树》概念书籍设计，是一本介绍作者心路历程的手绘本。用小碎花布、板纸为材料和粘贴的方式表现主

图6.16 概念书籍设计

图6.17 概念书籍设计

图6.18 《昆虫记》概念书籍设计

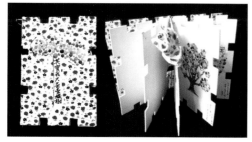

图6.19 《其实我只是棵树》概念书籍设计 罗叶

题，运用凹凸形态形成错落有致的秩序感，无论视觉、触觉还是内页形态都达到了好的效果（见图6.19）。

自然材料的选择对于概念书籍设计的整体形态的把握至关重要，《童年》概念书籍装帧设计以树皮和麻绳为基本主要设计材料，体现书籍设计的概念设计。书中以充满童真的绘画为主题，以几何形态为造型，体现《童年》概念书籍装帧设计特色（见图6.20）。

《继续学习》这本概念书籍是以学习为主题，利用拼贴、刺绣、手绘多种方式表现设计主题。色调统一，书籍形态个性化；字体采用刺绣形式构成，形式丰富，造成了强烈的视觉效果（见图6.21）。

2. 书籍印刷工艺

书籍装帧设计发展到今天，它对视觉感官美的要求越来越高，印制工艺在书籍装帧设计中起着重要的作用。从最早的活字印刷开始到丝网印刷，从烫金、银到目前最时尚的"UV"工艺的迅速兴起，都极大地丰富了设计师的设计语汇及作品的艺术表现力，使读者不仅从视觉感知上，也可以通过触觉感受来体会书籍之美。每一种材料在不同的印制工艺下显现出不同的魅力，无不体现着印制工艺的美。现代印制工艺与高新技术的结合，即计算机技术、网络技术、自动控制技术、电子技术和材料技术等为代表的现代高科技在出版印刷和设计领域的应用，对设计、制作、印刷等书籍出版环节产生巨大的影响（见图6.22、图6.23）。

图6.20 《童年》概念书籍设计 唐颖钰

图6.21 《继续学习》概念书籍设计 罗叶

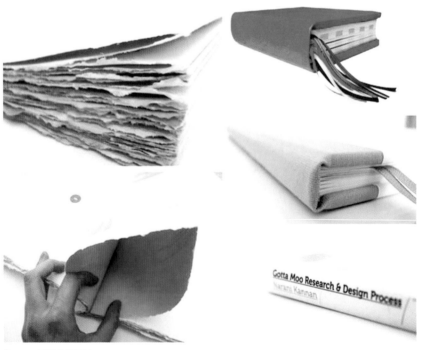

图6.22 现代书籍设计

图6.23　现代书籍设计

　　随着印制工艺的进步，许多新型材料得以发现并被加工利用，给书籍设计带来了更多的发展空间。然而印制工艺对材料的运用仍然存在着不少限制，有的材料无法加工，或加工了无法保存，或成本太高无法实现批量生产。随着科学技术的发展，国际交往的频繁，越来越多的材料涌现出来（见图6.24、图6.25）。塑胶纸、金属、木材、玻璃等材料的使用给印制工艺带来挑战，带动产生了热熔技术、锻造技术、丝网印刷、烫印技术等。因此，概念书籍装帧设计对印制工艺发展具有引导意义，在很大程度上促进了印制工艺的发展。概念书籍装帧设计在材料应用、技术提高、工艺开发上求新求变，是对印制工艺技术发展的最好引导。

　　当代概念书籍装帧设计将对设计师提出新的书籍设计思维模式，从形式到观念，当代概念书籍装帧设计将超越传统的书籍形态和阅读方式。当代概念书籍装帧设计集创意性、趣味性于一身，从书籍的

结构、材料、阅读方式等方面打破传统，是对当代书籍装帧设计的探索和尝试，必定会使当代的书籍装帧设计更加富于多样性、独创性和现代性。如今科技的进步、数字技术的应用都不断冲击着设计观念的变革，书籍设计艺术同样也要依靠印制工艺的力量来创造、丰富书籍设计的美感。

　　如吴勇老师的《用镜头亲吻西藏》一书的设计就与众不同。大胆地在接近书的中间位置进行造型设计，形成相机镜头。封面那位老人，他的眼睛好像瞄着这个"镜头"一样，所以每翻一页都会出现这

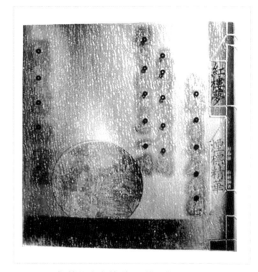

图6.24　《红楼梦·烟标精华》书籍设计　吴勇

图6.25　现代书籍设计

图6.26 《用镜头亲吻西藏》书籍设计 吴勇

个"镜头",这就为阅读者增添了乐趣。另外这本书的页码位用了在西藏里最常见的色彩:蓝、黑、红、橙、绿等(见图6.26)。

三、概念书籍的形态创新

一般来说艺术作品的美,可分为三个层次:第一个层次,是艺术语言构成的艺术形式美,它是最直观的美感形式。第二个层次,是艺术形象构成的内容美,它也是直观的。第三个层次,是艺术作品中显现的意蕴美,这是一种高层次的审美。

概念书籍的形态美,同样也分为这样三个层次:形式意味的美,形象内容的美,设计意蕴的美。艺术作品美的三个层次,并不是机械分开的,而是你中有我,我中有你,彼此融为一体(见图6.27~图6.29)。心理学家巴特利特认为:"思维本身就是一种高级、复杂的技能。"设计的本质是创造,设计创造始于设计师的创造性思维。因而设计师理应对思维科学,特别是对创造性思维要有一定的领悟和掌握。

意大利Davide Mottes书籍设计通过字母进行书籍形态造型设计,使整体书籍设计赋予变化,具有强烈的视觉冲击力(见图6.30~图6.33)。美国女艺术家Jacqueline Rush Lee专注于以书籍为材料的创意造型。近十年来一直沉迷于旧书的质感,思考如何将这些回收来的旧书重新展现它们的造型魅力(见图6.34~图6.36)。

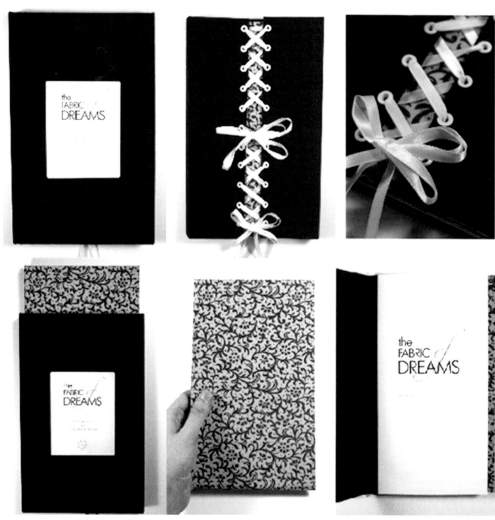

图6.27 书籍设计

图6.28 概念书籍设计

图6.29 Jacqueline Rush Lee的书籍造型设计

30	31
32	33
34	35
	36

1. 营造艺术空间美感

空间，英文名space，是具体事物的组成部分，是运动的表现形式，是人们从具体事物中分解和抽象出来的认识对象。空间的本质是空无，与具有质量或能量的物质不同，空间只有体量。因此书籍艺术空间本身就是纯粹空间和物质空间之间所呈现的转换现象的变化。

书籍空间的可分性、连续性、无限性。由于空间的本质是空无，所以对于任意给出的局部空间，都可以不受限制地任意分割为更小的局部空间。另外，对于任意给出的局部空间，如果其边缘之外是空的，则表明其外面是纯粹空间；如果其边缘之外是物质，则表明其外面是物质空间。而纯粹空间和物质空间都是空间的一部分，因此对于任意给出的局部空间，都可无限向外连续延伸。这样，局部空间的体量小可以小到无穷小，大可以大到无穷大（见图6.37、图6.38）。艺术空间美感主要通过以下几个方面展开：

（1）挖切、折叠手法

书籍装帧不管封面外壳用什么材质，内页通常还是以纸张为主。纸张是平面的东西，只有通过堆叠挖切才能变成立体的。巧妙地利用纸张的这一特性，可以给原本平淡无奇的书页带来一些新奇的视角。对书籍封面开窗挖孔来产生空间层次感也是一种很好的表现手法。在形式结构的设计中，设计师可以有很多奇思妙想，拥有很大的发挥余地，从书的封面、书脊、版式上大作文章，在立体的、多侧面的、多层次的、动态的空间中展开，使书籍具有丰富多样的形式。

图6.37 《圆》概念设计 汤丹成

图6.38 《圆》概念设计 汤丹成

Isaac Salazar 的书籍造型艺术，有着"书雕"的立体美感，很用心地计算、折叠和切割，巧手将一些二手书变成具有欣赏收藏价值的艺术品（见图6.39、图6.40）。

《关于红色》概念书籍设计灵感来自于生命，红色是生命的颜色，触目惊心；书籍造型创新性强，是折页和书籍巧妙结合，简约又不张扬，给读者不一样的视觉和触觉感受（见图6.41）。

书籍是立体的、多门类的艺术门类，与读者的审美关系是动态的。内页中间的镂空工艺，增加书籍的趣味性和装饰性，丰富设计主题（见图6.42~图6.44）。

创意书籍设计通过展开内页，多层次

图6.39　Isaac Salazar书籍造型艺术1　　　　　　图6.40　Isaac Salazar书籍造型艺术2

图6.41　《关于红色》概述书籍　黄丽春

图6.42　概念书籍设计　　　　　　　　　　图6.43　概念书籍设计

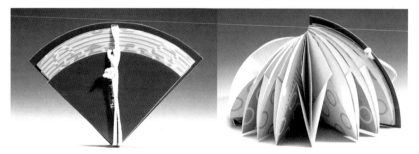

图6.44　概念书籍设计

的折叠，内容丰富。通过各种折叠法，把书籍的"形式美"展现得入木三分是一种概念设计的手法。运用折叠方式，充满趣味性，这不是一本简单的书，它需要你有一个保持清醒的头脑。进行创新意义的书籍造型设计，不仅仅把握好形式美，更要兼顾起形式美、"内容美"和"意蕴美"三者之间的联系，每一个层次都具有独立的艺术魅力和审美价值，展示书籍的空间形态（见图6.45~图6.47）。

图6.45　创意书籍设计1

（2）镂纸手法

剪纸艺术的兴盛源自老百姓对美的追求，《小红人的故事》剪纸与红色封面连成一体，扉页同样是同一种材质的红色，在色调上是整体统一，但在视觉和触觉上又有层次和空间美感，又显得微妙有内涵。《小红人的故事》叙述了作者几年来乡土民间文化采风、考察所获的深切感受以及作者创作充满灵性的剪纸小红人的故事，封面剪纸。设计一抹绛色，浑身上下，从函套至书蕊、从纸质到装订样式、从字体的选择至版式排列，以及封面上的剪纸小红人，无不浸染着传统民间文化丰厚的色彩，设计师熟悉地运用中国设计元素，与展现神密奇瑰的乡土文化浑然一体，让读者越读越觉出其中丰盛的滋味和立体的想象空间，极具个性特色（见图6.48、图6.49）。

图6.46　创意书籍设计2

图6.47　创意书籍设计3

2. 造型艺术美感

书籍设计实际上是在二维的平面中创造出空间效果，要使读者在这个领域中真正感受到空间的流畅、聚集和碰撞，产生更多的联想，释放更多情感，引发更加丰富的思考，这需要将平面空间有效地延展才能从感官和心理上营造真实的、多维的公共空间（见图6.50、图6.51）。

设计师们在追求着"不平"的效果。即利用各种平面元素，在纸张上努力拉伸视觉空间。通过对设计元素的重叠排列，使界面产生纵深变化，增强时空效果；将设计元素分等级进行模糊处理，使平面空

图6.48 《小红人的故事》书籍设计

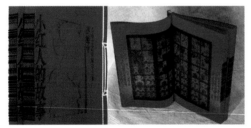

图6.49 《小红人的故事》书籍设计

图6.50 书籍空间造型艺术

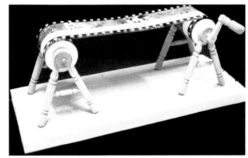

图6.51 书籍空间造型设计

图6.52 Cara Barer 书籍造型艺术1

图6.53 Cara Barer 书籍造型艺术2

图6.54 Cara Barer 书籍造型艺术3

间多维化；借助元素大小和视觉等级的变化来暗示强烈的纵深面，运用透视法在平面设计中表现多维空间；Cara Barer的书籍造型艺术以艺术性和功能性为主要表现形式，传递给人们美的艺术形态（见图6.52~图6.54）。

当我们更多地关注纸张本身特性时，可以用一些特殊的技法，比如纸张的折叠、纸张的罗列以及纸张本身的通透感，打破传统的设计规则，让书籍设计作品有

着真实的立体感和空间感受，而这种方法也是使平面范畴下的书籍从感官上实现空间的有效方式。

美国艺术家与雕刻师 Guy Laramee 完成这系列名为"长城"的惊人书本雕刻作品。他以中国的长城为启发，编制了23世纪"美国的长城"，他在书籍上雕刻并绘画出美丽浪漫的3D 立体山水画。他是一位多才多艺的艺术家，从舞台剧写作、舞台导演、当代音乐剧写作、乐器的设计、歌唱、舞台美术、雕塑、装置艺术、绘画以及文学都有涉猎，他的作品曾在加拿大、美国、比利时、法国、德国、瑞士、日本和拉丁美洲发表（见图6.55~图6.60）。

图6.55 "长城"自然景观书雕艺术

图6.56 "长城"自然景观书雕艺术

图6.57 "长城"自然景观书雕艺术

图6.58 "长城"自然景观书雕艺术

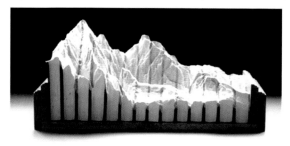

图6.59 "长城"自然景观书雕艺术

图6.60 "长城"自然景观书雕艺术

第二节　立体书籍装帧设计

随着科学技术和艺术欣赏水平的提升，人们更加关注的影像媒体的效果攻占人们的眼球，逐渐冲击了传统纸本书的销售。然而，许多艺术家与设计师对立体书依旧热情不减，甚至跨领域结合不同设计者的专长投入大量人力创作，这样的力量，让立体书有了新风貌，也让喜欢立体书的书迷更能欣赏到迷人的纸上艺术世界（见图6.61）。

一、立体书籍的概述与发展

立体书是指在书中加入一些可动机关或者是透过剪裁技巧形成在开阖书籍时会产生变化的书籍。它是在平面构成的基础上，在二次元空间中表现三维空间与立体感，制造视觉空间感来增强画面的变化与趣味性。立体书的创造正是纸的造型艺术，它是书籍设计中的一个新的专业表现形式。

创造活动总是给社会产生有价值的成果，人类的文明史实质是创造力的实现结果。对于创造力的研究日趋受到重视，由于侧重点不同，出现两种倾向，一是不把创造力看做一种能力，认为它是一种或多种心理过程，从而创造出新颖和有价值的东西，二是认为它不是一种过程，而是一种产物。

有人认为，根据创造潜能得到充分的实现。创造力较高的人通常有较高的智力，但智力高的人不一定具有卓越的创造力。创造力高的人对于客观事物中存在的明显失常、矛盾和不平衡现象易产生强烈兴趣，对事物的感受性特别强，能抓住易为常人漠视的问题，推敲入微，意志坚强，比较自信，自我意识强烈，能认识和评价自己与别人的行为和特点。

创造力与一般能力的区别在于它的新颖性和独创性。它的主要成分是发散思维，即无定向、无约束地由已知探索未知的思维方式。按照美国心理学家吉尔福德的看法，发散思维当表现为外部行为时，就代表了个人的创造能力。可以说，创造力就是用自己的方法创造新的、别人不知道的东西。

书籍是一个传统而有生命力的课题，虽然现在处于高速发展的多媒体时代，但书籍依然以它的独特的视觉语言和特有的

图6.61　立体书籍艺术1

文化性，在商业信息时代占据着重要的地位。现在，书籍装帧概念已经发展到了书籍整体设计，并在现代设计的策划定位理论影响下，在市场经济的环境中有了进一步的发展，书籍设计的概念已经衍生成了包含市场概念的书籍策划设计。书籍定位与设计之间的关系入手，结合实际书籍设计的经验，从定位的角度来谈书籍设计，以期形成对现代书籍设计的一种思考方式，以及具有实际运用价值的方法，对今后的书籍设计的进一步发展能有一定的启发价值（见图6.62~图6.64）。

立体书籍的历史可以追溯到13世纪。在印刷术的发展下立体书大量出现，成为欧洲贵族的专利享受。第二次世界大战之后，开始出现新奇元素的立体书，为今天立体书籍的普及奠定了基础。当今书籍艺术也不断地追求创新与变化，使得立体书籍设计受到广大的关注。直至20世纪晚期，立体书籍逐渐推广到杂志、广告、娱乐书籍，在市场上独占鳌头。

二、立体书籍的定位

书籍装帧的形式美不仅仅是表现在平面上，而且更多地表现在书籍的整体形态上。书籍装帧艺术从根本上讲是立体的、多侧面的、多层次的、多因素的艺术门类，书籍与读者的审美关系是动态的关系。所以，书籍的形式美，应该在立体的、多侧面的、多层次的、动态的空间中展开。

书籍装帧艺术的形式意味颇像雕塑，因为书籍的外在形态是一个端庄的六面体；它的形式意味又像电影，因为阅读是

图6.62　立体书籍艺术2

图6.63　立体书籍艺术3

图6.64　立体书籍艺术4

一个时间过程；它的形式意味甚至有一点像舞蹈，因为翻阅使阅读成为一个动态的审美过程（见图6.65）。

书籍设计以图形、色彩和文字为主要视觉元素，立体书以纸为造型基础进行展

图6.65 立体书籍艺术5

示，利用艺术工艺和技术，让读者在基本阅读行为上产生立体空间感。立体书在外观造型上与一般书籍无异，当翻开书籍时，可以在页面上显示三维立体空间造型，还包括拉动、翻转、跳动等方式在平面视觉效果上形成立体书籍的概念。立体书之所以越来越受欢迎，主要是它在消费者与书籍之间具有深刻的印象（见图6.66~图6.69）。

立体书主要以儿童书籍为基础展开。爱玩是孩子的天性，游戏是孩子的生活重心，游戏最常见的工具就是玩具；学习则是孩子成长的必要过程，学习最典型的形式是书。玩具书就是兼具了书的内容和形式，也拥有玩具的趣味和功能，玩具书跳出平面的书的限制范围，创造了三度立体的空间，提供让孩子可以动手去玩的对象，设计让孩子用眼去发现去探索的机关和结构，让孩子去鉴赏体会美妙艺术美感的视觉图像，它有剧本、屏幕和舞台，自己编导自行演出科学知识、童话故事、文学名著，阅读想象创作、互动（见图6.70、图6.71）。

很多年轻朋友或小朋友对于立体书充满着好奇，三维立体空间给人留下美丽的回忆。原本就充满想象的故事融入立体书后，故事人物全都跃然纸上，在阅读立体书时不只存在于平面世界里，更具有立体思维的惊奇体验，故事更是活灵活现，而立体书的设计与制作更是具有艺术价值和设计制作思维的挑战（见图6.72）。

《爱丽丝漫游奇境》童话书的立体场景极度华丽，既经典又炫目，让你如身临

图6.66 儿童立体书籍艺术1

图6.67 儿童立体书籍艺术2

图6.68 《跳舞的毛毛虫》
立体儿童书籍

图6.69 《捉迷藏的蜗牛》
立体儿童书籍

图6.70 童话立体儿童书籍1

图6.71 童话立体儿童书籍2

图6.72 卡通立体书籍

小女孩爱丽丝的梦幻世界，给年轻朋友或小朋友留下深刻的印象（见图6.73）。

《改变世界的发明》是一本立体式科普图书。阅读该书，可以了解人类历史上那些伟大的发明，并发现它们背后的神奇。一项项激动人心的发明，一段段趣味科学的讲述，一个个精彩直观的立体模型让这本趣味模型立体书带你走进人类的发明历史，在那些重要时刻停留、思考、探索。书中还有可翻动的翻页、可打开的小册子和可拉动的机关，众多不可思议的发明将生动地展现在读者面前（见图6.74）。

《会动的ABC》立体趣味书以精美的水彩手绘勾画，朗朗上口的儿歌，趣味无限的谜语，形状、动物、植物、食物等基本学习认知，在超凡出色的空间整合和卓越的想象的立体设计中，组成了一个快乐又好玩的世界，引导孩子去探索、去发现、去创造，它赋予立体、多功能、会动的特点，迎合了孩子"好玩"、"好奇"的天性（见图6.75、图6.76）。

立体趣味书应是儿童文学出版品中的一种特别分类，更精确地说是图画书中的搞怪类或创意升级的延伸或分类。

三、立体书籍的功能

立体书除了具备平面图书的艺术性外，更强调排版的创意构思，注重趣味性、版面的和谐性、立体造型的完美性、材质与技法的表现性。在材质的表现上注

图6.73 《爱丽丝漫游奇境》立体书籍

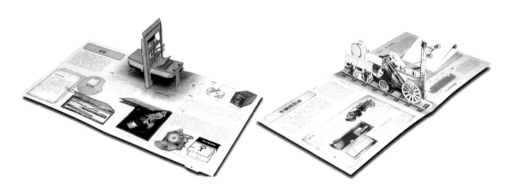

图6.74 《改变世界的发明》立体趣味书

图6.75　《会动的ABC》立体趣味书1

图6.76　《会动的ABC》立体趣味书2

重多元化的效果处理，加上设计者风格的新颖性和印刷及手工的精致性等。在立体书的创作过程从构思、草稿、设计、完稿、印刷到纸张工程，其版面的立体书籍构成与其美感的呈现与平面图书相比较更具挑战性，具有艺术功能性（见图6.77、图6.78）。

立体书除了艺术功能之外，更注重强调书籍的互动性和操作性，不同类型的静态书籍，通过折叠、跳立等立体造型与可移动式设计。立体书以书的形式方便阅读，而书中的可移动设计可以根据设计进行互动立体变化，展示书籍的空间立体效果，给读者带来更多的想象力。因此，立体书的功能除了以生动和创意的方式描述内容之外，它更可以吸引读者由立体书版式设计及纸张的折叠和切割变化，奇特的立体制作工艺，动感的造型，引起视觉上的注意力，以娱乐、趣味的方式进行阅读，启发读者的创造力（见图6.79~图6.81）。

四、立体书的形式

当今书籍设计已不再局限于单一的材质或立体结构设计，而是多面向的结构设计，通过设计师的想象力和创造力带给读

图6.77　《纸上的立体艺术》立体书1

图6.78　《纸上的立体艺术》立体书2

图6.79　立体书1

图6.80　立体书2

图6.81　立体书3

者更多的新体验。根据书籍的主题和内容，在结构上可以将立体书分为：折叠式、旋转式、观景式、全景式和插页式。

折叠式：折叠式是一种常见的立体设计效果，折叠式的书籍设计由最早的卷轴装经过经折装的过渡后发展而来，现存最晚的古代书籍基本以线装书为主。折叠式的立体书籍设计的做法是将预先印刷在纸板上的画面，按照轮廓线把想要呈现的立体效果裁剪下来，再通过凹折和凸折的翻折的形式产生阶梯状的立体层次（见图6.82）。

旋转式：旋转式立体书就像游乐园的旋转木马，具有动态的视觉效果，却是讨人喜欢的纸艺技巧。旋转式的立体书通常是四个场景，其基本形式就是必须把书立直，然后把书本封面和封底折起，成型后在不同的局部展示多层次的画面，就像旋转的梦幻舞台。

观景式：观景式立体书籍经过切割设计，让读者在立体空间上拉起一个封闭的场景，经过折叠设计可以展示橱窗形态的装饰场景，场景由多层景片一前一后间隔平行排列构成，就像立体舞台上的布景设计。通过多层次的场景构成景深，营造出橱窗的体力景观效果（见图6.83）。

全景式：全景式立体书籍主要表现形式是折页结构设计，展开时可以同时看到多页连接在一起，形成全面的视觉展示效果（见图6.84、图6.85）。

插页式：插页式就是将缩小版的立体书放在页面的左右两侧，属于完整的视觉元素。主要目的是增加书籍设计内容，增强画面立体效果。

立体书的表现形式给我们留下了深刻的印象，这些书籍就像魔术般的迷人，给人遐想的空间，未来的书籍设计的发展将更多元化，互动设计成为现今设计的卖点。

图6.82 折叠立体书

图6.83 观景立体书

图6.84　全景式立体书1　　　　　　图6.85　全景式立体书2

第七章　书籍装帧设计教学实践

本章书籍设计作品来源于学生的课堂习作，是本书作者教学内容的全新尝试。在这里，除了给读者展示这些优秀作品之外，更重要的是同学们在探索书籍设计过程中知识的积累、品位的提高、对艺术美与材质美的把握。

案例

案例一：
《CONCEPT》书籍设计

设 计 者：董文洁

设计说明：

Concept 概念书籍装帧是一次尝试，希望通过新的形式，突破原有的书籍传达概念，将 Concept 这种传达媒介引入新的元素，以视觉传达取代单调的文字传达，将文本信息概念化、视觉化。

在这次尝试中，作者运用已被淘汰的 3.5 英寸磁盘作为书籍的基本载体，将材料运用到 Concept 概念书籍装帧设计中（见图7.1、图7.2）。Concept 概念书籍装帧设计，内页以绘画和拼贴为主要表现形式，将复古的概念传入其中，表达了冲突和融合。书籍的意义已不仅仅限于传达信息的载体，它本身更是一件艺术品。

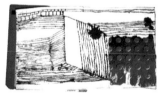

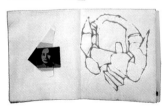

图7.1

图7.2

案例

案例二：
《优秀是一种习惯》书籍设计

设 计 者：谢莹

设计说明：

本书讲述的是优秀是一种习惯的故事，以主人翁的事业、爱情、生活来贯穿书籍设计。采用了轻松、活泼、明快的方式来体现主体的设计风格，主要以黄色作为主色调进行效果处理，具有极强的识别功能与视觉冲击力。

设计以城市为设计原点，秉承自身的设计理念，提炼出"优秀"，内容围绕这一主题进行设计。书籍的序言、扉页、内页风格与内容保持一致；封面、封底的设计以铁盒子作为基本材料，通过添加立体感增强书籍的整体性与艺术性；书籍内页采用线描的表现手法进行插图设计，以简明轻快的表现手法进行设计，体现书籍设计的审美性（见图7.3、图7.4）。

图7.3

图7.4

案例三：
《雷锋》概念书籍设计

设 计 者： 阮倩倩

设计说明：

《雷锋》书籍装帧设计以雷锋为载体进行书籍设计，主要通过木头、玻璃、节能灯管等元素组成。利用特殊工艺将文字和雷锋的形象在玻璃进行艺术效果的处理，以概念的方式让更多的人去了解雷锋，体会雷锋精神。

通过正方形的造型制作，细节的处理，将绘制不同形象的雷锋形象和个性化的文字巧妙结合进行展示。在阳光的投射下，利用玻璃的反光效果增强画面的艺术性、审美性和功能性。当夜幕降临，没有了阳光，设计师凭借灯管照射的效果来体会雷锋精神，体现了不同概念的雷锋精神（见图7.5、图7.6）。只有时刻牢记雷锋精神，用行动去证明，雷锋精神才会在我们心中发光、发热。

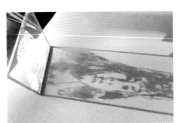

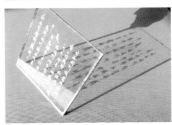

图7.5

图7.6

案例四：《蝶变》概念书籍设计

设 计 者：刘蓉

设计说明：

《蝶变》概念书籍设计是对新型材料的一次尝试。在材料方面，通过KT板、玻璃、毛线、纤维、布料等进行艺术效果处理与表现，极具视觉感染力。

在色彩方面，以蓝色系为主色进行艺术风格的处理与内涵的阐述。

在形式方面，《蝶变》概念书籍设计借助其主要内容在不同页面进行效果的表现，通过完整的细节、统一的画面使这一套完整的设计方案更加带有浓郁的现代气息。在造型上，以蝴蝶翅膀作为基本造型，有效丰富了主题；错落的玻璃碎片，增强了概念书籍设计的质感和触摸感（见图7.7）。

图7.7

案例五：
《他和她》概念书籍设计

设计者：王曼

设计说明：

《他和她》概念书籍设计是一本介绍男女图形符号的书籍，书中主要通过简洁的视觉符号语言和个性化的材质进行效果的表现。异形的开本设计，纯手工制作，使整本书籍更加厚实稳重，整体美观大方，个性十足。

书籍封面以牛仔布料为主要原材料，标题文字采用手工缝制的方式进行艺术表现，有着强烈的时尚感，使书籍的功能性、观赏性和趣味性更加延伸；书籍的内页通过铁丝、色卡纸、布料创作了丰富多彩的图形语言。书中文字的大小、字距、间距、图片的编排方式以及中英文的文字搭配设计和留白的排版方法，让书籍整体设计恰到好处，使读者阅读时感到舒适，同时也给画面增添空间感，很好地起到强调主题的作用，简约而不简单（见图7.8、图7.9）。

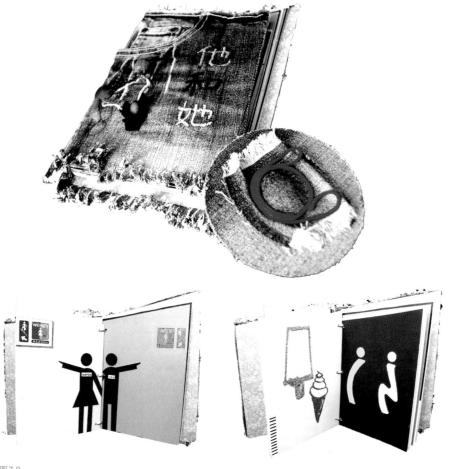

图7.8

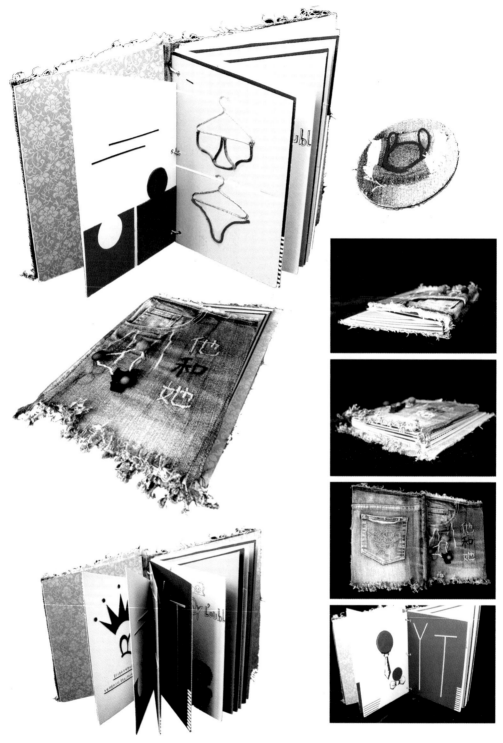

图7.9

案例六：
《MOVIE LIFE》
概念书籍设计

设 计 者：曲谨

设计说明：

此款DIY手绘创意书的灵感来源于怀旧电影，在《MOVIE LIFE》概念书籍设计的创意过程中，设计者最先想到了与电影有关的场景牌和胶卷。主色调以怀旧并且经典的黑白为主，书页内衬采用牛皮纸，生动地将电影与生活联系到一起。

最值得一提的是此款创意书是纯手绘绘制而成。在绘制的过程中，将内容与插画合二为一，使其在追求精致的同时也不乏增添情趣，可谓是妙趣横生（见图7.10、图7.11）。

图7.10

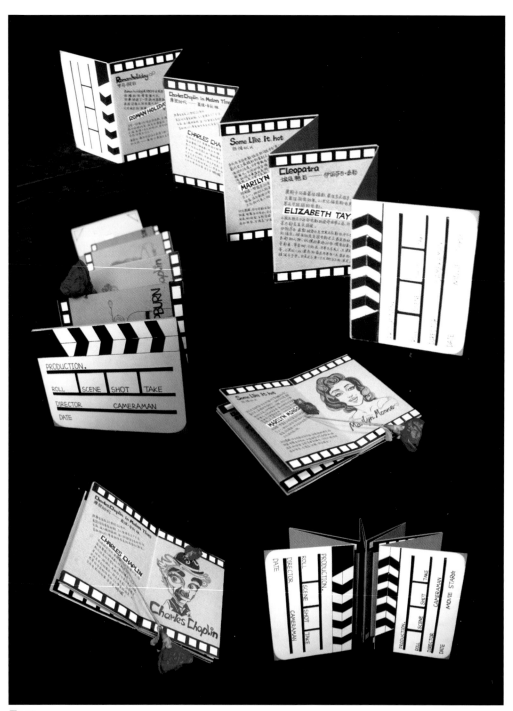

图7.11

案例七：
《Aurora》概念书籍设计

设 计 者：董熠

设计说明：

美国著名天文学家惠普尔说过，书籍是屹立在时间汪洋大海中的灯塔。设计者运用"灯"作为设计题材来进行书籍装帧设计。作品名称为Aurora，即罗马神话里的曙光女神欧若拉。书籍就像曙光女神一样为人们带去光明，是我赋予此作品这个名字的深层含义。

材料运用的是黑色的毛线和白乳胶，将黑色的毛线缠制成球形灯罩，下方用麻绳悬挂三本讲述大学生活的迷你书，在欣赏书籍内容时也可以开灯照明，大大增加了作品的观赏价值和实用性（见图7.12）。

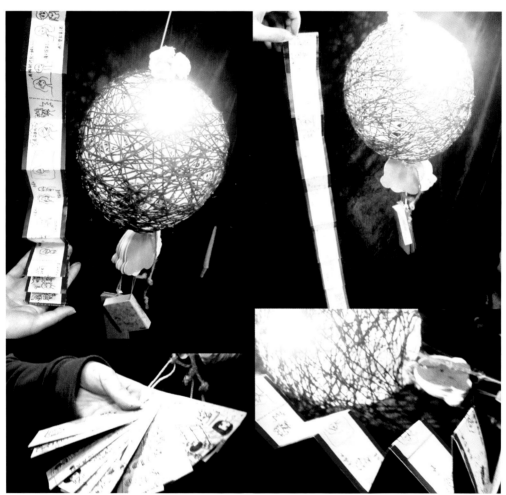

图7.12

案例八：《铁皮成》书籍装帧设计

设 计 者：罗成

设计说明：

《铁皮城》书籍设计借助书中的主要内容在架空的世界观里通过虚拟人格的自我探索，通过一套完整的设计方案更加充分熟练地将插图设计运用到书籍装帧设计中。通过《铁皮城》书籍装帧设计表达当代一部分人们对于当前现实迷茫而灰暗的世界观并且反映对未来发展的担忧，同时也表达出一种坚守自我勇于探索的冒险精神。

《铁皮城》书籍装帧设计将坚持个性化的设计理念，保持强烈的个性元素，运用统一的绘画风格，在以往创作的基础上有所创新，使书籍的个性元素最大化。插图设计运用超现实的表现手法进行艺术创作。手绘插画具有独特的艺术魅力，能充分展现鲜明的材质美感。不同的绘画工具在不同质面上绘制图画时所留下的肌理痕迹可以给观者带来完全不同的视觉美感。通过书签、碟片、主题海报书籍整体展示，达到设计风格的高度统一（见图7.13~图7.15）。

图7.13

图7.14

图7.15

案例九：
《THE WAY》书籍装帧设计

设 计 者：李尘

设计说明：

　　《THE WAY》书籍设计通过个性化的插图形式进行艺术表现。版式方面，运用了现代主义"少即是多"的概念，在细节上注意两者之间的呼应与趣味，力求用设计的视觉语言给读者新的阅读感受。

　　版式方面，注重点、线、面设计元素之间的运用，字体设计新颖，具有较强艺术感染力。运用了比较自由的排版方式，将视觉语言巧妙结合起来。色彩方面，以米黄色作为主色调进行艺术处理，配以红色字体加以点缀，丰富画面效果（见图7.16、图7.17）。

图7.16

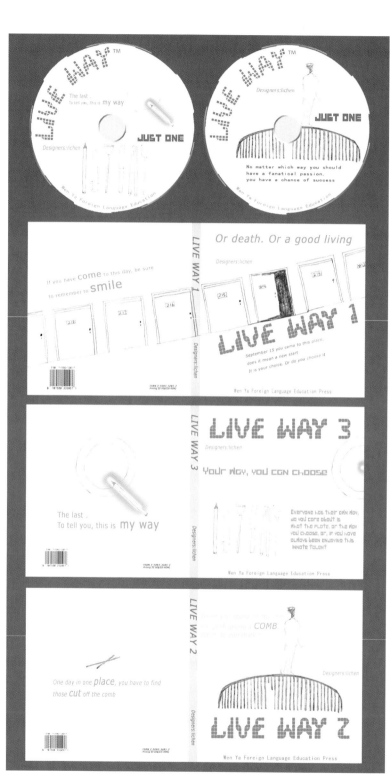

图7.17

案例十：
《THE WAY》书籍装帧设计

设 计 者：张弘扬

设计说明：

一本好书需要有一个漂亮的封面，看到书籍封面就能及时了解书籍的内容，活跃书籍的气氛。整本书籍黑、白两色恰到好处的搭配，让书籍简洁不失色彩，更加具有设计感；在文字的排版上，文字的大小、字距、间距、图片的编排方式以及中英文的文字搭配设计和留白的排版方法，让书籍整体设计恰到好处，使读者阅读时感到舒适，同时也给画面增添空间感，很好地起到强调主题的作用。《THE WAY》书籍设计以抽象插图设计，手绘技法增强书籍设计的艺术性（见图7.18）。

图7.18

参考文献

[1] 吕敬人. 吕敬人书籍设计教程. 湖北美术出版社，2005.

[2] 吕敬人. 书艺问道——书籍设计. 中国青年出版社，2009

[3] 邱陵. 邱陵的装帧艺术. 生活•读书•新知三联书店，2001.

[4] 陈楠. 书籍装帧设计. 华中科技大学出版社，2009.

[5] 刘杨. 现代插画与书籍装帧设计. 辽宁科学技术美术出版社，2010.

[6] 蒋杰，姚翔宇. 书籍设计. 重庆大学出版社，2007.

[7] 毛德宝. 书籍设计与印刷工艺. 东南大学出版社，2008.

[8] 赵健. 交流东西书籍设计. 岭南美术出版社，2008.

[9] 张洁. 书籍装帧设计与工艺. 天津大学出版社. 2011.